환경과
건축도시디자인

타카하시 타카시　나가사와 야스시　니시무라 신야 편
박 영 기 감수　　한 수 진　이 정 남 역

技文堂
www.kimoondang.com

高橋鷹志, 長沢泰, 西村伸也 編『環境とデザイン』朝倉書店, 2008.

서 문

디자인의 어원과 그 개념

디자인 design은 라틴어로 사생 寫生, 도면 등을 의미하는 describo에서 유래한다. 또한 눈에 보이는 것을 그대로 옮긴다는 의미뿐만 아니라 언어나 음악을 통해 현실의 상태 및 정경을 표현한다는 묘사의 의미도 함께 지니고 있다. 인공물의 생산·유통이 일반화되어 있는 현대사회에서는 소비자의 주의를 끄는 물건 및 미술공예품과 관련하여 형태·색채·모양 등의 특성을 표현하는 의장·도안의 의미도 포함하게 되었다.

디자인이라는 단어는 명사뿐만 아니라 동사의 의미도 지니고 있다. 즉, 여러 가지 인공물을 만드는 과정에서 일어나는 일련의 활동을 의미하기도 한다. 오늘날 일반적으로 통용되고 있는 디자인의 의미인 '인공물의 계획 및 설계'가 바로 그것이다. 즉, 디자인이란 인공물을 구상하고 구체화하는 과정 및 그 성과물이라고 정의내릴 수 있다.

오늘날 디자인을 담당하는 전문가 및 디자이너는 독립된 직능인 職能人으로서 인공물을 둘러싸고 있는 다양한 분야에 존재한다. 그러나 '인간은 집을 짓는 원숭이다'라는 말이 의미하듯이 고대까지는 모든 사람들이 직접 건축물을 만드는 디자이너로서의 역할을 하고 있었다. 현대에 이르러 주택을 비롯한 각종 건축물은 기획-계획 및 설계-시공(건설공사)-유지관리의 과정을 거쳐 완성되며, 각 단계에 그 일을 담당하는 전문가가 배치된다. 이러한 모습을 갖추기까지는 상당히 오랜 시간이 걸렸다.

장인 · 건축가의 탄생

고대 이집트 분묘출토품에는 석조장인의 모습이 그려져 있다. 일본에서는 나라 奈良시대에 불교사원을 만드는 사찰공과 기와공이 있었으며 중세에는 반죠 番匠(지방출신으로 교토고쇼 京都御所(역주: 교토부 京都府 교토시 京都市 카미교구 上京区에 있는 황거 皇居. 카마쿠라 鎌倉시대 중기부터 메이지 明治시대 초기까지 천황이 살았던 궁전)에

서 일하던 목수), 미장이, 석공, 히노끼지붕잇기공 등의 기술자가 있었지만 실제로 건설공사를 담당한 것은 농민들이었다. 또한 에도江戸 초기에는 막부가 사쿠지부교作事奉行(역주: 에도시대 건축을 담당하는 직무분담제도) 하에 사쿠지가타作事方(역주: 에도막부의 건축공사를 담당하던 하급직)를 조직했으며 농촌의 둘째 아들, 셋째 아들도 목수기술을 몸에 익혀 도시로 진출했다고 한다(建築業のおこり—江戸から明治へー, 菊岡倶也).

한편, 서양에서는 로마의 비트루비우스가 기원전 1세기에 '건축서'를 저술하면서 건축이라는 말이 널리 사용되기 시작했으며 건축가architect는 그리스어 architekton(archi-주된+-tectōn목수)에서 유래한다. '건축서'는 일반건축이론·토목·건축제반기계·역학·재료·구조·양식 등 광범위한 내용을 다루고 있어 건축이론서라 할 만한 책이다. 또한 이 책에서는 건축가에 대해 문필·묘사·기하학·역사·철학·음악·의학·법률·천문학 등의 기술에 능통해야 하며 고대 건축가는 단순히 목수가 아닌 고도의 지적 능력을 요하는 직업이었다고 서술하고 있다.

또한 후세 서양건축의 입지에 대해서도 언급하며, 건축을 '강(强, firmitus)·용(用, utilitus)·미(美, venustus)'라는 3가지 원리로 규정하고 있다. 특히 마지막의 '미美'는 비트루비우스의 건축미론으로 발전되어, 이후 건축가는 단순히 구축물의 설계자가 아닌 예술작품을 창조하는 예술가로서 자리매김하게 된다.

일본에서 건축이라는 말이 출현한 것은 에도 말기에 발행된 영일사전英和辞書이 그 시작이며 전문용어로서 사용된 것은 제국대학帝国大学의 조가학과造家学科가 건축학과로 개칭된 1898년의 일이다. 이는 당시 서양유학으로 영향을 받은 타츠노 킨고辰野金吾를 비롯한 교수들의 주도에 의한 것이었다.

그 후 오늘날에 이르기까지 완성된 구축물을 평가하는 데 있어서 예술작품으로서의 가치를 중요시하여 학회나 대학, 그 밖의 교육기관에서 우수한 건축 및 설계에 주어지는 상에 '작품상'이라는 명칭을 붙이고 있는 것은 주지할 만한 사실이다.

디자인의 방법과 주체의 변화

한 지역에서 정형화되어 있는 주택과 예술작품으로서 가치가 있는 개성적인 건축이 공존하고 있는 상황에 변화가 일어나고 있다. 정형에서 탈피한 보다 수준 높은 건축에 대한 욕구와 함께, 작가가 암묵리에 만들어내는 작품에 숨겨진 프로세스를 밝히고 디자인 프로세스를 과학적으로 해명하고자 하는 움직임이 생겨난 것이다.

또한 디자인 프로세스에서 나타나는 스케치나 공간 이미지를 언어화하고 분석함으로써 지금까지 비공개적으로 전수해오던 장인의 기술을 공유하고자 하는 바람이 현실화되었다. 또 다른 변화는 지금까지 받는 입장이었던 건축물의 사용자가 그들의 의식적·무의식적 요구 및 욕구를 주체적 입장에서 제시할 수 있게 되었다는 것이다. 이에 따라, 건축가 및 설계자는 자신의 사고 및 의향을 사용자에게 강요하는 입장에서 사용자의 욕구를 대변하는 입장으로 변화하고 있다. 이에 대한 연구가 본서에 소개되어 있다.

이러한 디자인 과정의 변화와 함께 디자인의 주체 즉, 디자인을 담당하는 사람을 결정하는 방법에도 변화가 일어나고 있다. 주택과 같은 사적인 건축의 경우에는, 지인知人의 건축가·건축사무소 또는 마음에 드는 사례(가까이 있는 주택이나 잡지정보 등으로부터 알게 된 것)를 설계한 사람에게 의뢰하는 일도 적지 않다. 그러나 공공건축에 있어서는 설계자 선정의 공평성을 확보하고 과거에 얽매이지 않는 보다 수준 높은 건축이 요구된다. 그러한 이유에서 건축설계경기제도가 생겨났다.

건축설계경기제도에서는 응모된 제출물(건축도면·모형·시방서 등)을 통해 심사가 이루어지고, 입선작품은 준공까지 당초의 제안내용을 그대로 엄수하는 것을 기본으로 하며 임의로 설계변경 등을 할 수 없도록 되어 있다. 그러나 현실에서는 설계 시 미처 생각지 못했던 조건이나 시간경과로 인한 새로운 필요조건이 생기는 경우도 많이 있다. 이러한 결점을 보완하기 위해 고안해낸 것이 프로포절proposal 방식이다. 이것은 설계안이 아닌 담당 건축가를 선정하는 것으로, 세타

가야 미술관 世田谷美術館(1966년 3월 개관) 건설 시 도입되었다. 세타가야 구립 미술관 건설위원회를 설치하고 다수의 건축가(기업의 경우 해당 담당자)로부터 미술관에 대한 구상안(일반 건축도서가 아닌 이미지 스케치나 구상의도를 문장화한 것)을 받아 입선자를 심사하였다. 이러한 방식으로 선정된 건축가와 위원회가 설계내용을 의논하여 최종안을 정리·완성하였다. 이 사업의 성공 이후, 프로포절 방식은 전국 공공건축 건설로 확대되었다.

참여 디자인과 지속 가능한 디자인

세타가야 미술관의 새로운 설계자 선정방식은 높게 평가되었다. 그러나 결과적으로 건축가 고故 우치이 쇼조 内井昭蔵 씨의 설계에 의한 건축작품으로 탄생된 것이며, 그에 대한 평가는 높았지만 종래의 건축설계방식을 근본적으로 바꾼 것은 아니었다.

한편, '우리 지역에 필요한 건축은 무엇인가'라는 문제제기와 함께, '작더라도 "이런 장소"가 있었으면 좋겠다'고 하는 주민의 의견도 존재한다. 그러한 요구에 대해 찬반양론이 있는 것도 사실이다. 특히 지역에 있어서 주민의 요구 및 그 반대의견과 같은 공공건축을 둘러싼 각종 문제가 발생하기도 한다. 지금까지 비교적 명확하게 구분되어 온 건축종별형태–주택·학교·병원·사무소·시민회관 등–의 경계가 애매하게 된 것도 디자인 방법을 근저로부터 흔들고 있다.

지금까지 건설의 대상인 건축 관계자만으로 이루어져 왔던 계획조직에 대한 변혁과 보다 개방적인 참여 프로세스가 요구되고 있다. 예를 들면, 어느 지역에서 집회소 또는 가로변 소공원 등을 설치하자는 의견이 나온 경우, 그 물리적 환경이 필요한지에 대한 논의를 시작으로 행정, 근린 및 일반시민에 의한 검토가 이루어지게 된다. 그 후 기획이 정해진 단계에서 설계자를 선정하고 건축의 완성에 이르기까지 당초에 만들어진 조직이 일관하여 관여한다. 이것을 워크숍이라고 하기도 한다. 그러나 상황에 따라 디자인 프로세스 참여방법을 모색하는 것이 일반화되어 있다.

저자가 경험한 한 가지 사례는 '니가타역 역사 新潟駅 駅舎·역전광장계획안경기 駅前広場計画提案競技(2002년)'이다. 125점의 응모작품을 1차 공개심사를 거쳐 5점을 선정하고, 그 후 응모작품 전체를 공개적으로 전시하여 시민의견을 반영, 최종심사에 이르기까지 반년이라는 시간이 걸렸다. 최우수상의 결정은 니가타시민문화회관(류-토피아りゅーとぴあ·하세가와 이츠코 長谷川逸子 설계)의 노가쿠도 能楽堂(역주: '노가쿠'라고 하는 일본의 가면음악극 공연을 위한 극장)에서 이루어졌다. 시민들이 주목하는 가운데 심사위원들은 노부타이 能舞台(역주: 노가쿠, 쿄겐을 상연하는 무대로서 무대의 정면과 좌우 양쪽이 열려 있는 형태이다) 위에서 논의를 거듭하고 회장에서의 의견을 수렴하여 심사를 마무리하였다. 심사위원장은 우연하게도 우치이 쇼조 씨였는데 심사 도중 서거했다(8월 3일).

그 후 이러한 시도는 전국적으로 확대되었다. 일반적으로 이러한 프로세스를 거쳐 실제 건설공사가 진행되지만 경우에 따라 새로운 참가상황이 발생한다. 그 일례로 건축학과 학생이 설계과제로 디자인한 설계안을 전문가의 도움을 얻어 스스로 완성해 내는 것이 그것이다. 실로 격세유전으로 인간은 집을 짓는 원숭이가 된 것일까?

향후 과제는 이러한 과정으로 만들어진 구축물을 어떻게 지속해 나갈까하는 문제이다. 지구환경문제 상으로도 구축물의 수명을 연장하는 것은 필수 과제일 것이다. 시간의 흐름 속에서 변화해 가는 과정을 생각해보면 앞서 지적한 바와 같이 사회적 기능에 따른 건축종별형태와의 대응이 무너지게 된다. 아이들의 감소로 폐교가 된 학교건물을 노인복지공간, 커뮤니티센터, 주거 등으로 용도 변경하여 재생 conversion하는 사례가 늘고 있다는 것이 바로 그 증거이다. 리노베이션 및 개수(리폼) 등 지속가능한 건축을 위한 활동은 시급한 과제이다.

환경행동과 디자인

지금까지 기술해 온 바와 같이 물리적 구축환경을 만들어 인간의 생활 · 행동을 지원한다는 디자인의 역할에는 앞으로도 변함이 없을 것이다. 그러나 환경행동이라는 측면에서 보면 또 다른 시각으로 디자인을 바라볼 수 있다. '물리적 환경을 만들지 않고도' 디자인이 가능하다는 것이 그것이다. 동일한 물리적 환경이라 하더라도 행동이나 심리적 상황의 변화에 따라 환경행동관계가 변화한다. 즉, 디자인이 발생하는 것이다. 예를 들면, 주택의 개실에서 앉는 장소나 자는 방향에 변화를 줌으로써 기존의 환경을 새롭게 느낄 수도 있고, 다이닝키친에 손님이 서 있으면 그곳은 응접실로 바뀌기도 한다. 또한 학교 교실의 경우 일반수업 시에는 수업장소, 급식 시에는 급식장소, 문화제의 전시장 등으로 다양하게 변환될 수 있다. 이것이야말로 건축가 · 설계자 없는 디자인이라 할 수 있으며 모든 건축공간에 있어서 이와 같이 자유자재로 변용될 수 있는 적응성이 요구된다.

필자는 이와 관련하여 '강强 · 용用 · 미美'를 '강强 · 용用 · 자유자재 自由自在'로 바꿔 말하고 싶다. 또 대학의 전문교육에서 환경행동에 관한 교육 및 커리큘럼이 너무 뒤처져 있기 때문에 유아교육에서부터 시작해야 한다고 생각한다. 이에 독자들도 같은 의견이었으면 하는 바람이다.

타카하시 타카시

역자 서문

『환경과 건축도시디자인』은 「人間と建築」 시리즈 중 제3권 「環境とデザイン」을 우리말로 옮긴 것으로, 건축·도시 관련 학계의 연구자 및 실무자들이 환경과 디자인이라는 테마에 대해 다양한 시각으로 기술한 것이다.

편리하고 쾌적한 생활을 영위하기 위한 환경디자인의 실현을 위해, 환경디자인 연구는 인간심리, 환경, 행태, 공간 등 다양한 영역들과의 연계와 접목이 필수불가결하다. 이에 본서가 인간의 행태와 영역을 비롯하여 건축가의 디자인 사고 프로세스, 설계조직 매니지먼트, 마치즈쿠리(마을 만들기) 등 다양한 주제를 통해 환경디자인에 접근하고 있다는 점, 나아가 본서에서 소개하고 있는 연구들이 현장조사와 관찰, 실험 등을 통해 보다 실제적이고 실천적인 접근을 시도하고 있다는 점은 주목할 만하다.

우선 본문에 들어가기에 앞서 독자들의 이해를 돕기 위해 다음 두 가지 키워드를 강조해두고 싶다.

첫 번째는 환경행동 측면에서 바라본 디자인의 개념이다. 물리적 환경을 만들지 않고도 인간의 행동이나 심리적 상황이 새로운 공간을 만들어 낼 수 있다는 시각이 바로 그것이다. 본서의 내용을 빌리자면, 앉는 장소나 자는 방향에 변화를 줌으로써 같은 공간을 새로운 환경으로 느낄 수도 있고 다이닝키친에 손님이 있으면 그곳이 응접실로 바뀌기도 한다는 것이다. 이에 대해 본서의 필자인 타카하시 타카시 高橋鷹志는 '건축가·설계자 없는 디자인'이라는 표현을 사용하면서, 이러한 환경행동에 의한 건축공간의 변환가능성 및 적응성을 새로운 디자인 개념으로서 강조하고 있다.

두 번째는 본서의 핵심 주제인 환경디자인과도 깊은 관련이 있는 '마치즈쿠리(마을 만들기)'이다. 이는 일본의 건축·도시환경과 관련하여 간과해서는 안 될 중요한 개념이며, 현재 한국의 도시재생 및 지역 활성화 정책과도 같은 맥락으로 파악할 수 있다. '마치즈쿠리 まちづくり'란 문자 그대로 해석하면 '마을 만들기'이지만 정확히 정의내릴 수 없을 만큼 다양한 문맥에서 다양한 의미로 사용되고

있다. 이에 대해 대략적으로 정의하자면, 도시개발 및 지역사회의 활성화라는 측면에서 어느 지역이 안고 있는 과제에 대해 그에 대한 해결책을 도모하는 프로세스라고 말할 수 있다. 본서에서는 실제 프로젝트로서 수해와 지진피해 후 건설된 가설주택의 예와 눈이 많이 내리는 니가타현新潟県에서 보이는 전통적 차양인 '간기雁木'를 지속적으로 개발 · 발전시켜나가는 예가 소개되어 있다.

인명과 지명 등의 고유명사는 일본어 읽는 방법 그대로 옮겨놓았으며 일본어 표기를 함께 달아두었다. 또 보다 정확한 이해를 돕기 위해 필요한 경우 역주를 통해 설명하였으며, 역주는 각주 대신 해당 본문내용에 함께 삽입하여 바로 참고가 될 수 있도록 하였다. 일본어를 우리말로 옮기는 과정에 한계도 있을 것이고 역자의 부족한 점도 있을 줄 안다. 독자 여러분의 관심 있는 지적과 조언을 기대한다.

끝으로, 늘 따뜻한 미소로 용기와 격려를 주시는 연세대학교 건축학과 박영기 교수님께 진심으로 감사드린다. 그리고 이 책이 나오기까지 도움을 주신 기문당 강해작 사장님과 미숙한 번역이지만 끝까지 애써주신 기문당 편집부 여러분에게도 감사드린다. 또 바쁜 시간을 쪼개어 기꺼이 도와준 동경대학 건축학과 니시데 연구실의 김강민 군과 박지연 양, 후지이 연구실의 임정희 언니, 또 늘 가까이에서 응원을 아끼지 않은 최가영 양에게도 고마움을 전한다. 마지막으로 나의 삶에서 언제나 힘이 되어주는 소중한 가족들에게 고마운 마음을 전하고 싶다.

2009년 3월

한수진

차 례

01

02

03

01

인간과 환경 그리고 디자인

1 거주자와 함께 생각하는 디자인

■ '선택하여 구입하는 집' vs '내 손으로 직접 만드는 집'

콤팩트 시티와 함께 도심거주가 각광을 받고 있는 오늘날, 집합주택은 중심적 주택형식으로서 자리매김하고 있지만 시장성·효율성·일반성의 추구로 여러 가지 문제점을 드러내고 있다. 첫째, 인간생활이 사회적 관계성 속에서 성립한다는 것을 무시한 채 공동체적 제약으로부터 벗어나는 것을 최우선으로 하고 있다. 지연관계가 희박해지면서 '개인주거'라는 폐쇄적이고 고립된 공간과 생활이 생겨났다. 이는 근린이나 지역에 산다고 하는 시각이 결여되어 있음을 의미한다. 둘째, 공공사업이나 민간사업으로 계획·공급되는 대부분의 집합주택이 소위 매스하우징이라고 하는 공업화에 의한 표준화·대량생산 시스템을 채택하고 있다는 것이다. 그로 인해 단지·뉴타운·재개발은 모두 대규모성을 특징으로 갖게 되었다. 셋째, 생활 스타일이 개별적이고 다양함에도 불구하고 공급되는 주택은 nLDK 플랜으로 모두 획일화되어 있다. 결과적으로 거주자의 개성적인 생활 스타일이 무시되거나 미리 규정되어 주거에 생활을 맞출 수밖에 없게 되는 것이다. 넷째, 집이라는 것이 '만드는 것'에서 '선택하는 것', '구입하는 것'으로 변용되었다는 것이다. 주거가 소비의 대상이 되면서 상품으로 팔기 위해 계획된 주거 스타일과 실제 생활에서 나타나는 괴리, 사용가치보다 자산가치의 중시, 소극적인 유지관리 등 거주자와 주거지 사이에 생기는 거리감이 해결과제로 남아 있다.

이와 같이, 산다는 것에 대한 본질적인 의미가 희박해지고 인간소외 현상이 증가하고 있는 현대 집합주택의 시대적 조류와 함께, 집을 짓는다는 것을 계획·건설·거주·유지관리를 통한 오픈엔드open-end적인 것으로 파악하고 거주자가 주체가 되어 그 일련의 과정에 직접 관여함으로써 주거를 지속적으로 창조하고 유지 · 성장시켜 나가는 것이 요구되고 있다. 이는 거주의 본질이 쉘터 기능이나 자산으로서의 '눈에 보이는 가치'뿐만 아니라, 거주자 자신의 의식이나 가치관이 직접적으로 투영되는 '자기실현'을 위한 장, 삶에 활력을 불어넣는 장이라는 '추상적인 가치'에도 있기 때문이다. 코퍼레이티브 하우징 cooperative housing으로 대표되는 '집합주택 건설에 있어서의 거주자 참여'는 인간이 자신이 사는 환경을 구체적 · 직접적으로 '창조'할 수 있는 기회이며, 물리적 환경과 인적 환경 사이에 유기적 · 동적 · 영속적인 관계를 구축하는 시도이기도 하다. 또한 근린관계 및 주거와 관련하여 모여 사는 것에 대해 부정적으로 여겨오던 것(번잡함, 부담감)을 긍정적으로 전환시키는 계기가 될 수 있으며, 나아가 매스하우징이 해체될 가능성도 생각할 수 있다.

참여 현장과 프로세스

최근에는 코퍼레이티브 주택을 비롯해 집합주택의 재생(개축, 리폼), 공동개축, 컬렉티브 하우스, 고령자 거주시설(실버하우스 · 케어하우스 등) 등 여러 분야에서 참여 디자인이 나타나고 있으며 그 관심이 증대되고 있다.

계획단계에서의 거주자 참여는 각 현장과 목표에 따라 진행방법이 다르지만 여기에서는 참여의 밀도나 강도가 가장 높다고 생각되는 코퍼레이티브 주택과 최근 전국적으로 문제가 되고 있는 노후화된 집합주택의 재생 가운데, 공영주택의 개수(리폼)와 개축을 예로 들어 계획의 특징과 참가방법을 소개하고자 한다.

1) 코퍼레이티브 주택

코퍼레이티브 주택은 집합주택 건설에 있어서 거주자 참여의 출발점이라고 평가된다. 일반적으로 코퍼레이티브 주택이라고 하면 주택 수요자, 즉 사용자가 조합을 결성하고 코디네이터나 설계자 등의 지원을 받아 공동으로 사업계획을 정한 후, 자기 소유의 집을 공동으로 건설하는 것을 말한다. 코퍼레이티브 방식은 자치단체나 공공 분야 등에 의한 공적인 주택공급이나 민간기업에 의한 영리적 주택공급과 다른 비영리 주택공급 방식이다. 사용자의 모집에서 주택건설에 이르기까지의 진행방법과 그것을 주도하는 주체에 따라, ㉠ 주택 수요자(사용자)가 자력으로 이웃을 모집하고 용지를 취득해 계획을 세우는 '사용자 주도형', ㉡ 건축가 및 컨설턴트(최근에는 NPO도 많음) 등의 전문가가 코디네이터가 되어 토지를 마련하고 거주자를 모집해 계획을 진행하는 '기획자 주도형', ㉢ 디벨로퍼(민간기업) 등이 행하는 '사업자 주도형'으로 분류할 수 있다. 사용자 주도형은 사용자의 생각대로 주택이 지어지고 비용도 실비로 끝나는 등의 장점이 있는 반면, 프로세스 매니지먼트 등에 대한 번거로움과 부담감이 크다. 그 때문에 최근에는 사용자 모집이나 용지의 선정 · 취득을 비롯한 번잡한 계획과정을 전문가 · 사업자가 기획 · 주도하고, 주호의 자유설계 및 사용자의 안심거주를 강조한 기획자 주도형 및 사업자 주도형이 증가하고 있다.

① 계획 프로세스(그림 1.1)

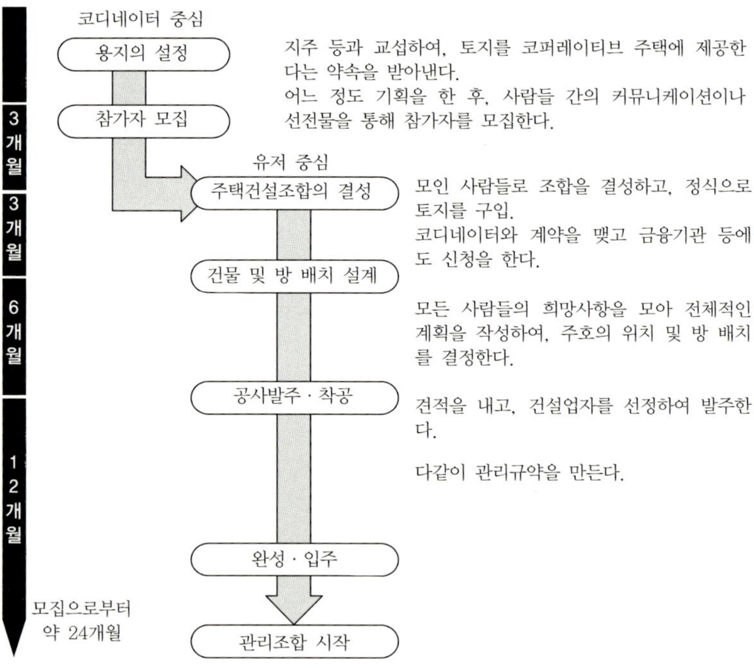

그림 1.1 코퍼레이티브 하우징의 표준적인 사업경과

(NPO 전국 코퍼레이티브 주택 추진협의회 제공)

주거에 대한 거주자의 요구 제시, 설계자에 의한 계획안 수립, 계획안에 대한 거주자 평가 및 새로운 요구 제시라고 하는 사이클을 반복하면서 계획이 진행된다. 일반적으로 주동·공용공간 등의 전체 계획을 시작으로 진행되며 주동계획이 합의·결정되는 단계에서는 '진토리(자리 차지하기)'라고 불리는 각 주호의 위치 결정 및 조정이 이루어진다. 이후 각 거주자가 희망하는 라이프스타일이나 공간·예산 등을 반영하여 주호의 면적 및 방 배치, 주변과의 관계 등 개별 설계가 실시된다(그림 1.2). 이와 동시에 실제로 이용할 때의 이미지를 떠올리며 공용공간계획도 함께 이루어진다.

2) 집합주택의 재생

공공주택은 전후 고도성장기에 대량으로 건설되면서 주택 스톡 housing stock 문제에 직면하게 되었다. 노후화된 건물 및 설비의 갱신, 거주수준에 미치지 못하는 협소 주호의 확장, 목욕탕·화장실·부엌 등의 설비수준 향상, 거주자의 고령화에 대응한 배리어 프리화 등 재생 문제를 그 해결과제로 안고 있다. 재생은 기존의 단지 및 주호·주동을 대상으로 한다는 점에 특징이 있으며, 기존의 주동을 다시 만드는 '개축'과 기존의 주호·주동을 개수(리폼)하는 '개선 改善'이라는 두 가지 방법이 있다. 이들은 기존의 단지를 지속적으로 활용해가며 개선함으로써 하드웨어적·소프트웨어적 측면에서 주거환경을 활성화하는 방안이다. 집합주택의 재생계획 및 사업에는 '입주자의 특정성' 및 '기존 환경에 대한 고려' 등 신규건설과는 다른 특유의 초기조건이 존재한다. 그러한 특성을 살려나감으로써 사업주체(행정) 및 계획자가 주민과 협력하는 계획이 가능하게 된다.

향후 크게 증가할 것으로 예상되는 민간분양 집합주택을 개축하는 경우에도 일단 권리관계의 조정 및 개축에 대한 합의가 필요하지만 '참여 디자인'을 기대할 수 있다. 또한 밀집 시가지의 갱신 및 커뮤니티 주거환경정비사업과 관련된 공동 개축의 경우에도 마찬가지로 종전의 거주자를 중심으로 토지 및 건물의 권리관계를 조정해가며 공동주택 건설에 주민들이 참여할 수 있다.

여기에서는 공공주택 중 주택 스톡 수가 가장 많은 공영주택을 예로 들며, 재생과 관련하여 주민 참여의 필요성 및 구체적인 방법을 소개하고자 한다.

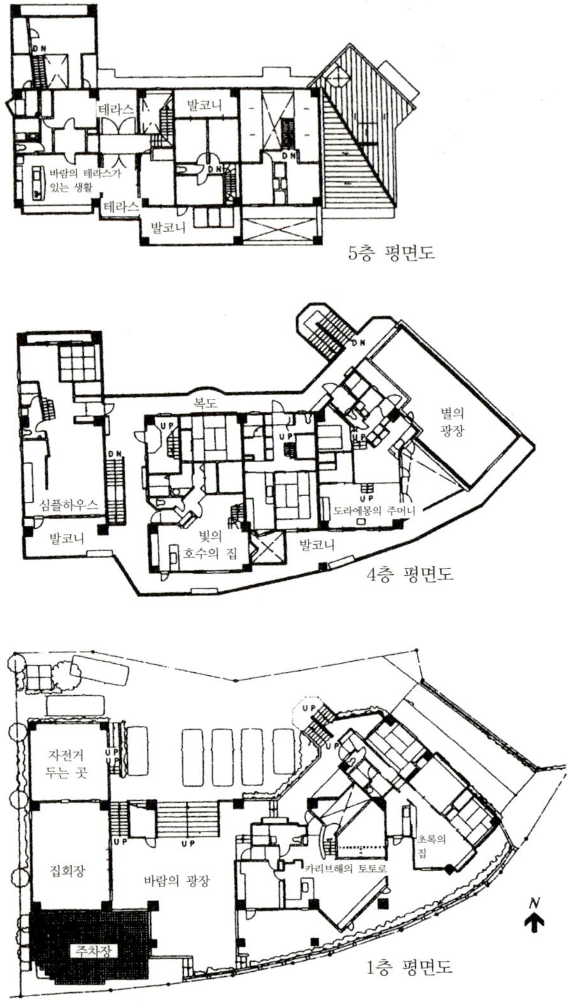

그림 1.2 코퍼레이티브 주택의 공간계획(M포트)

- 거주자의 요구에 따라, 면적 · 방 배치가 자유롭게 계획된다.
- 공용공간이 다양하게 계획된다.
- 연속 발코니에 의한 주호 간의 관계 만들기

① 재생계획에 있어서 주민 참여의 가능성과 필요성

재생계획에 있어서 주민 참여의 가능성 및 필요성을 검토하기 위해 그 특징을 신규계획과 비교해 보고자 한다.

첫째, 대상이 되는 거주자에 차이가 있다. 신축의 경우에는 불특정 다수의 거주자 silent majority가 전제가 된다. 그러한 이유로 전문가가 잠재적 · 일반적인 주거 요구를 예상하고 거주자의 주거 요구를 대변해 합리적으로 계획을 실시한다. 반면 재생의 경우, 기존의 단지에서 출발하기 때문에 실제 그곳에 거주하고 있는 특정 거주자 noisy minority가 그 대상이 된다. 사일런트 머조리티 silent majority의 특징이 [가상조정·전체성 mass·조작의 용이성(수동성)]이라고 한다면, 노이지 마이너리티 noisy minority는 [구체적 실재·개별성·사업성패의 중요성]으로 특징지어질 수 있다.

재생은 계획단계에서부터 거주자가 실재하기 때문에 사업주체와 거주자가 직접적으로 관계하게 된다. 또한 주거 요구 및 계획에 대한 평가를 주고받으면서 계획을 세우고 합의를 하는 주민 참여가 가능하며, 또한 필요하기도 하다. 또 재생계획에서는 계획자와 사용자의 분리라는 신규건설에 있어서의 정태적 靜態的 계획방법의 한계를 넘어, 계획과정에서 계획자 및 행정 그리고 거주자가 협력하는 동태적 動態的인 '참여 디자인'이 가능하다.

둘째, 계획이 시작되는 시점에서 주거환경의 상태가 다르다. 빈 땅에 새롭게 계획되는 신축의 경우 입지할 장소에 존재하는 '장애물'로부터 자유로운 백지 상태에서 출발한다. 반면 재생의 경우에는 커뮤니티 및 유기적 경관형성 등 하드웨어적 · 소프트웨어적 환경 컨텍스트가 이미 존재한다. 따라서 사람 · 사물 · 다양한 사건들에 의해 형성된 생활 · 공간 · 사회적 환경에 대한 배려와 그 컨텍스트를 살리는 계획이 요구된다. 그 중에서도 '환경이행 環境移行'이라는 시각이 중요하며 구체적인 계획목표로서 이전의 단지가 지니고 있던 매력적인 환경구조를 계승 · 발전시키고, 이미 존재하고 있는 문제는 물론 잠재해 있는 문제 또한 개선할 필요가 있다. 이러한 이유로 생활하는 당사자이자 단지환경에 대해 가장 잘 알고 있는 거주자의 지혜 및 정보는 재생계획을 질적으로 향상시킬 수 있다는 점에서 매우 중요하다.

셋째, 대상이 특정 거주자라는 점과 기존 환경에 대해 고려한다는 점이 즉인적卽人的 · 즉지적卽地的인 계획 수립으로 이어진다는 것이다. 신규 사업에서는 공영주택의 공평성 · 평등성의 원리가 결과적으로 계획의 획일화를 초래하기 쉽지만, 재생사업에 있어서는 보편일률적인 해결책이 아닌 그 장소에서밖에 성립할 수 없는 개별적 해결책이 요구된다.

대상이 특정 거주자라는 점은 주민 참여의 가능성 · 필요성으로 이어지며, 기존 환경에 대한 고려는 주민 참여의 유효성을 높여준다. 또한 개별성의 중시는 주민 참여의 가능성 및 유용성이 발휘되는 기반이 된다.

② 개선改善 계획에 있어서 주민 참여 프로세스

U시는 거주자의 고령화 및 수준 낮은 설비에 대처하기 위해 주호 · 주동의 개선사업에 전념하고 있다. 구체적으로 말하자면, 엘리베이터의 설치를 비롯한 공용통로의 배리어 프리화, 물을 사용하는 공간의 편의성을 향상시키기 위해 2DK에서 1DK로 실 배치 변경, 물을 사용하는 공간의 확장, 고령자를 고려한 손잡이 · 욕조 등의 설비계획 등 주호 · 주동을 대폭적으로 변경하는 개선사업이 이루어지고 있다(그림 1.3). 그 중에서도 주호 개선은 거주자의 생활을 크게 변화시킬 가능성을 잠재하고 있기 때문에 거주자가 개선사업에 대해 제대로 이해하고 합의에 이르는 것은 불가결한 일이다. 그렇기 때문에 계획수립단계부터 주민 참여가 적극적으로 전개되고 있다.

계획에는 사업자와 계획자를 겸하고 있는 행정, 입주자, 대학이라는 삼자가 관련되어 있다. 구체적인 진행방법은 다음의 표와 같다(표 1.1).

- 대학이 실시한 기존 주호의 주거방식 조사 및 개선에 대한 요구사항 조사를 토대로, 행정(계획자)이 두 가지 주호 개선안을 작성한다. 그 안을 기초로 하여 입주자와의 논의를 거쳐 실 배치 변경 및 희망안을 선정하여 개선안을 결정한다.
- 입주자를 대상으로 실시한 실물을 사용한 실험과 설문조사를 근거로 하여, 손잡이 및 변기, 단차의 높이 · 방법을 결정한다(그림 1.4). 예를 들면 고령자를 위해 계획된 변기가 실제로는 너무 높다고 평가되는 등 상식에 어긋나는 경우가 있다.

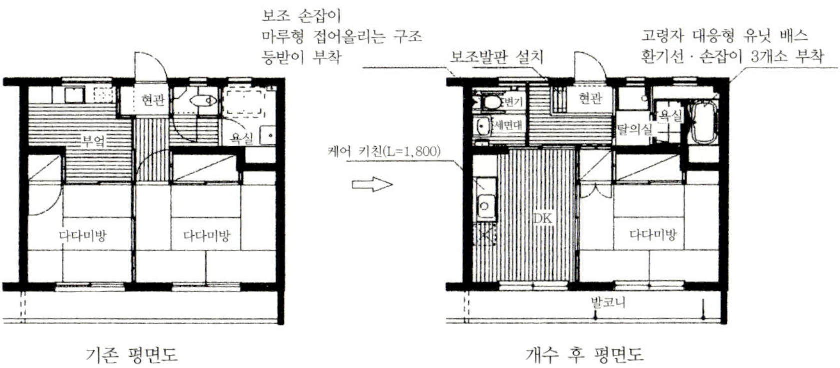

그림 1.3 주호 개선계획(U시H단지)

- 거주자를 위해 공사방법, 공사 중 안전 확보 및 소음 등에 관한 설명회, 임시 주거에 관한 설명회를 개최한다.
- 비어있는 주호의 개선공사를 선행하여 그곳을 입주자가 자유롭게 견학할 수 있는 모델룸으로 지정함으로써, 개선 후 주호가 어떤 식으로 만들어질지 미리 실물로 확인할 수 있도록 한다. 모델룸에 대한 거주자 평가를 토대로 본 공사 시 설비기기의 위치를 변경한다.

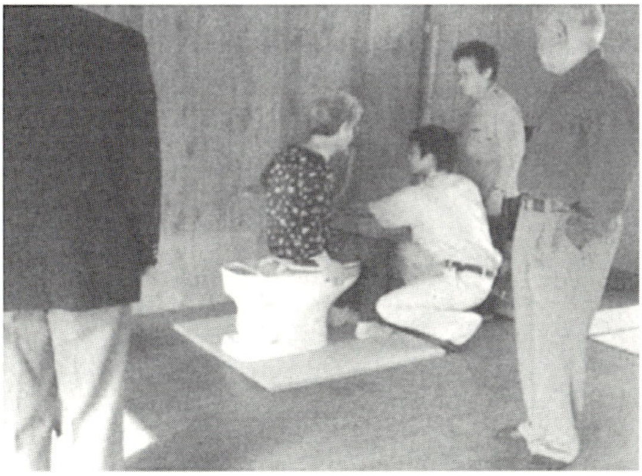

그림 1.4 실물실험에 의한 평가

거주자 평가를 가장 확실하게 할 수 있는 방법으로, 실물을 사용해 변기의 높이 및 손잡이의 위치를 결정하게 된다.

표 1.1 주호 개선계획 프로세스(U시 H단지)

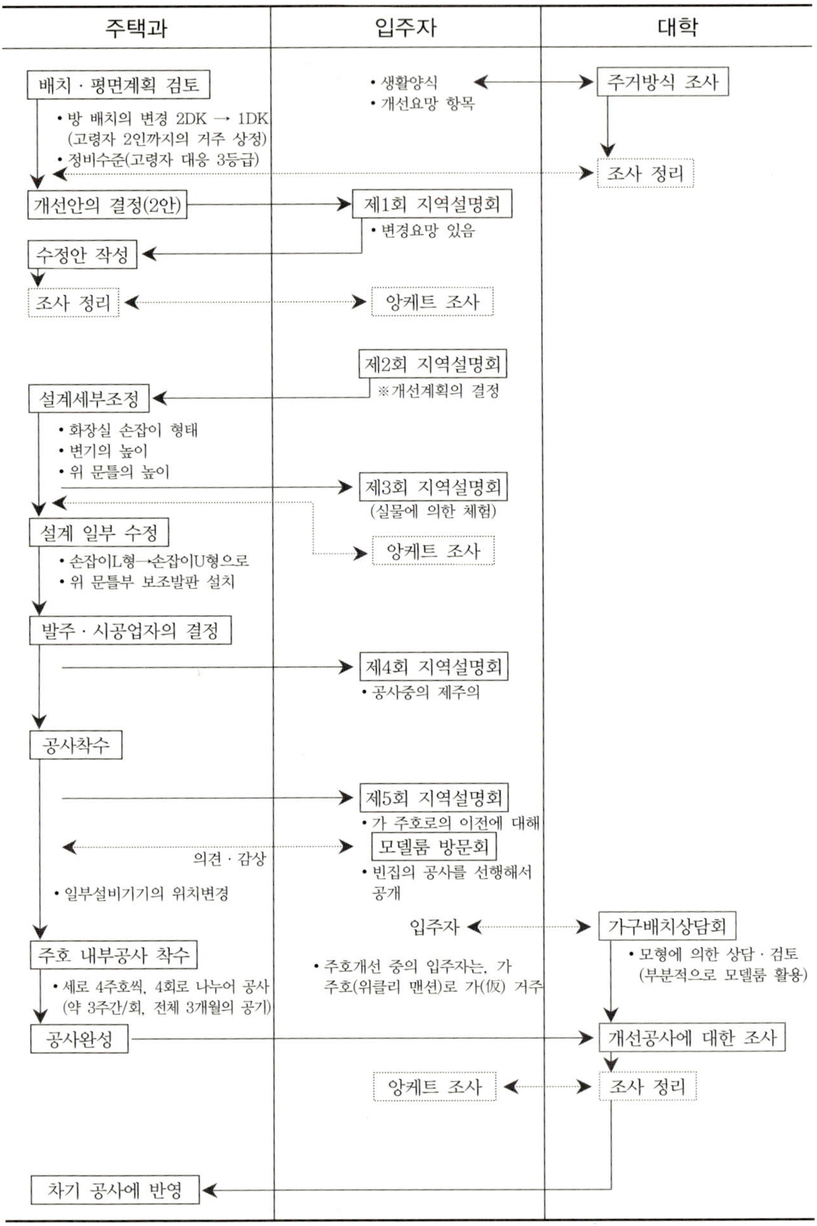

• 입주하기 전에 입주자와 대학이 개선 후 가구 배치방법 및 거주방식을 검토하는 상담회를 개최한다. 종전의 주거방식에 대한 조사를 실시하고 모형을 활용해 입주자의 이해도를 높인다.
• 개선 주호에 대한 입주자 평가 POE를 실시하여 이후의 주호 개선 계획에 반영한다.

③ 개축계획에 있어서 주민 참여 프로세스

Y시는 공영주택의 개축에 즈음하여 계획 수립에 대한 주민 참여를 추진하고자 하는 행정의 의도에 따라, 계획이 시작된 시점부터 재입주 예정 거주자, 계획자(대학 · 설계사무소), 행정이라는 삼자에 의한 일관된 주민 참여를 실천하고 있다. 특히 거주자와의 대화를 중심으로 한 세심한 배려의 참여 프로세스, 거주자의 개성 및 환경형성능력을 고려한 개별성과 융통성 있는 공간계획, 개축 후의 거주자에 의한 주체적인 환경 및 커뮤니티 형성 등이 그 특징이라 할 수 있다.

계획 프로세스는 ① 참가형 계획방침 및 진행방법의 확인, ② 개축에 대한 불안(집세 상승 · 재입주 자격 · 임시 주거를 위한 장소 및 그에 대한 부담 · 환경의 급격한 변화 · 신규입주자의 전입에 의한 커뮤니티 재편 등) 및 기대 파악과 대책의 검토, ③ 주거방식 조사(호별 방문)에 의한 종전의 생활 및 환경에 대한 매력과 과제 파악, ④ 선행된 개축 사례(RC적층형 공영주택)의 견학, ⑤ 거주자의 주거 요구 및 집세부담 능력의 제시 등을 거쳐, ⑥ 주호주동 · 공용공간 등의 기본계획안(3안)의 제시와 그에 대한 거주자 평가에 의한 배치계획 검토, ⑦ 주호배분(거주자에 의한 자기 주호의 위치 결정) ⑧ 개별 주호계획의 검토(집세 부담능력에 따른 주호면적, 라이프스타일 및 주거 요구에 따른 플래닝), ⑨ 외부 공용공간 및 집회소의 계획이라는 순서로 진행되며, 모든 측면을 고려하여 대화와 협력을 통한 계획 수립을 실천하고 있다. 과거의 수법과는 달리 참여형 계획 프로세스는 거주자의 다양한 의식을 불러일으키는 등 다의성을 그 특징으로 한다.

주민 참여형 프로세스에서는 ① 거주자의 적극적인 참여와 각 주체 간의 친밀함 그리고 수평적 관계, ② 대화를 중시한 각 주체가 이해 · 납

득할 수 있도록 하는 참여방법, ③ 편안하고 즐겁게 의논할 수 있는 분위기, ④ 목적에 따라 전체의논과 거주자 개개인과의 개별의논을 병행, ⑤ 제도에 얽매이지 않고 권한을 내세우지 않는 행정의 유연한 자세 등이 중시되고 있다.

거주자 의식은 이러한 프로세스를 통해 개축에 대한 불안감, 참여에 대한 소극성 · 회의감이 기대감 · 능동적 참가 · 신뢰감으로 변화하고 있다(표 1.2). 이와 동시에 거주자가 일방적으로 '요구'하고 공간을 '획득'한다고 하는 구도에서 대등한 관계에서의 '협력'에 의한 공간 '창조'로 전환되고 있다.

표 1.2 참여형 계획 진행에 따른 거주자 의식의 변화(Y시 N단지)

계획 당초의 의식	계획 도중의 의식	개축 완료 후의 평가
【합의형성의 편법으로서의 참가】 • 우리들이 찬성하지 않으면 개축할 수 없게 되기 때문에 참여형으로 하는 게 아닐까라고 생각하고 있었다.	【리얼리티의 실감·기대】 • 다른 사람이 '이렇게 했다'고 들으면, '그럼, 우리도 한번 해볼까'라는 생각이 들었다. 그래서 꽤 재미있었다.	【개축에 대한 만족감】 • 좋은 곳에 살 수 있게 돼서, 절대로 이곳에서 나가지 않겠다는 생각이 든다.
【참여에 대한 소극성】 • 최초에는 말하는 대로 '어떻게 되든 상관 없어요'라고 생각했었다. • 혼자 살 수 있을 만큼의 집만 만들어주면 좋겠다고 생각했었다.	【가능성의 확신】 • 여러 가지 요망사항을 질문받는 사이에 욕심이 생겼다.	【희망의 실현·만족】 • 요망사항을 들어줘서 잘 됐다. 정말 좋은 곳에 살게 됐다고 생각했다.
【행정에 대한 불신감】 • 집회소의 일을, 관공서와 주민자치모임에서만 상담해서 개축에 대해 통지해왔기 때문에, 개축에 반대했었다. 관공서에 대해서는 불신감이 있었다. • 처음에는 반신반의했다.	【기대감의 고양】 • '어떤 식으로 하고 싶습니까, 어떤 주택을 원합니까?'라고 질문 받으면서, '이건 좋은 주택이 될 수 있겠다'라는 생각이 들기 시작했다.	【주민·행정·설계자의 일체감 】 • 모두 의욕적이고, 시 행정 사람이나 설계자도 모두와 자주 의논을 했으며, 밤이 늦더라도 와있었다.

▪ 참여형 계획 프로세스

1) 수평적 관계 – 주체 간의 상호침투

과거의 계획에서는 거주자는 사업을 받는 측, 기획자(사업자)는 사업시행의 권한자 · 책임자, 계획자는 공간을 만드는 전문가라고 하는 역할이 고정되어 있고 명확하게 분리되어 있었다. 계획 수립에 있어서도 기획자 · 계획자의 '주도' 및 '점유', 거주자의 '수동적 자세' 및 '객체성'이라고 하는 구도가 정해져 있었다. 한편, 주민 참여에 대해서는 거주자가 일방적으로 주거에 대한 요구를 제시하고 거주자가 요구하는 대로 계획이 만들어진다는 편협한 인식도 존재한다.

그러나 참여형 프로세스에서는 각 주체의 입장 및 경험 · 지식의 차이를 존중하고 대등함을 중요시하는 수평적인 관계가 중요하다. 이를 토대로 자유롭게 대화를 거듭함으로써 각각의 '생활지식 生活知', '제도지식 制度知', '계획지식 計劃知' 간의 상호침투를 실현할 수 있다(그림 1.5).

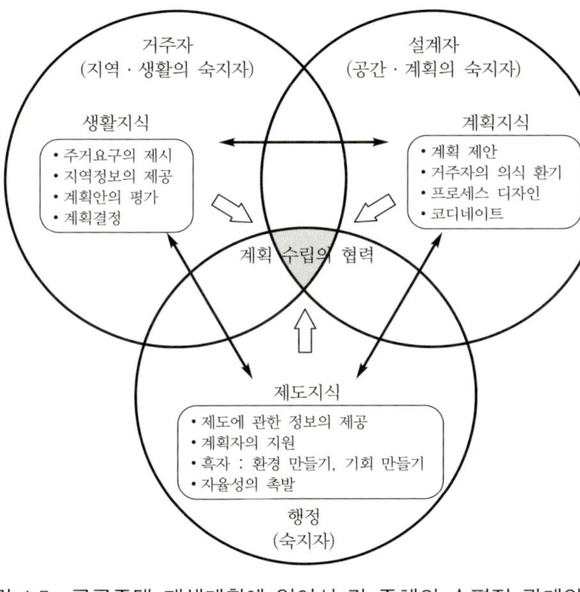

그림 1.5 공공주택 재생계획에 있어서 각 주체의 수평적 관계와 역할

거주자는 일방적으로 받는 입장이 아니라 계획 수립의 의사결정 프로세스에 통시적 · 포괄적으로 관련된다. 실용적인 생활지식 生活知을 토대로 한 주거 요구, 그리고 종전의 단지 및 지역의 공간적 · 사회적 · 생활적 환경 컨텍스트에 관한 정보를 구체적 · 직접적으로 제시하여 계획조건을 추출한다. 또한 계획 프로세스에 있어서 〈요구 – 계획제안 – 평가〉라는 사이클에도 함께 참여하여 계획에 대한 다면적인 평가 및 제안을 수행함으로써 계획의 질을 높임과 동시에 공간창조에도 깊이 관여한다.

기획자(사업자)는 제도의 전문가이자 사업의 숙지자로서 제도를 활용하고, 제도에 구속되지 않으며 거주자 및 계획자에 대처함으로써 계획 수립을 원활하게 진행시킨다. 또한 거주자와 설계자의 자유로운 대화, 행동 및 제안을 이끌어내어 각 주체 간의 상호침투적 관계를 창출한다. 전체 진행 및 계획 프로그램의 조정, 제도 · 재정 면에서의 실현가능성 확인 등 참여형 프로세스를 지지하는 역할을 담당한다. 또한 계획 수립에 있어서 거주자의 주체성을 지속적으로 환기시켜 거주자를 '진정'으로 생각하는 조력자의 역할을 하기도 한다. 권한을 내세우는 것이 아니라 각 주체에 분산 · 위양함으로써 거주자 및 계획자가 함께 협력하여 일을 수행하기 위한 기초를 마련하는 등 협력 파트너로서 그 입장을 전환하고 있다.

설계자도 고정적인 조건에 따라 일률적으로 공간화 · 형태화를 수행하는 전문가, 계획에 따라 거주자를 규정하는 전문가라는 틀에서 벗어난다. 계획에 대한 생각 및 방향을 전달하여 거주자가 자유롭게 생활 이미지를 떠올리게 도와주며, 그것을 '계획지식 計劃知'에 의해 질서정연하게 정리해주는 코디네이터이자 공간 창출의 전문가이며, 그것을 계획 제안으로 연결시켜 주는 플래너이다.

과거의 계획 프로세스에서는 행정 및 계획자 등의 전문가가 의사결정의 권한과 그에 따른 책임을 지니고 있었으며 거주자는 배제되어 있었기 때문에, 전문가에게 '주민의 자아 ego'라고 하는 일방적이며 과도한(실현 불가능한, 무책임한) 요구를 할 수밖에 없었다. 반면에 주민 참여형 계획에서는 주체 간의 상호침투적인 관계화와 계획 수립에 대한 협력을 통해 결과적으로 의사결정 및 책임이 주체 간에 분산, 공유될 수 있다. 이를 통해 서로에 대한 배려와 실현가능성을 인식하게 되어 계획 수립에 있어서 자율성을 높일 수 있다.

2) 표류형 프로세스

주민 참여형 계획 수립은 설계자의 일방적인 강요도 아니며 또한 거주자가 '시키는 대로' 이루어지는 것도 아니다. 오히려 원하는 주거환경을 창조하기 위해 각 주체가 '생활지식 生活知', '전문지식 專門知'를 함께 창출해내 '협력 · 이해'하는 프로세스이다. 따라서 계획내용 및 달성 목표, 실현수단이 미리 명시 · 설정되는 것이 아니다. 거의 백지 상태에서 시작하여 각 거주자의 가치 및 목표 자체를 창조적으로 만들어 내는 방식인 것이다. 주민 참여형 프로세스는 미리 정해져 있는 계획목표를 위해 직선적 · 효율적으로 진행되는 예정조화형 豫定調和型이 아니라 다양한 사건 및 각 주체의 의식 변화, 새로운 가치 형성, 계획의 질적인 전환 및 비약 등을 반복해가면서 서서히 만들어져 가는 '표류형'이다. '표류형' 프로세스는 효율성보다는 정성을 중시하고 계획 과정에서 나타나는 각 주체들의 다양한 생각이나 아이디어를 포섭할 수 있기 때문에 세세하고 다의적인 계획 수립이 가능하며, 따라서 다양한 의미를 갖는 장을 만들어 낼 수 있다.

기존의 계획이 눈에 보이는 무언가를 만드는 것을 우선시하는 닫힌 회로였던 것에 반해, 참여형 디자인에서는 사람, 사물, 일이라는 측면에서 프로세스가 동시에 병행되기 때문에 상호적 · 상승적 연쇄효과를 기대할 수 있다는 것이 특징적이다. 즉, 공간계획을 통해 거주자 의식 및 가치형성을 기대할 수 있게 된다.

3) 대화의 중시 – 다양한 커뮤니케이션 수단

참여에 있어서는 각 주체 [기획자(사업자)·계획자·거주자] 간의 자유롭고 직접적인, 더 나아가 밀도 높은 커뮤니케이션이 중요하며 그 기반이 되는 것이 주체 간의 '대화'이다. 또한 자유롭고 다면적이며 정확한 커뮤니케이션을 실현하기 위해 즐겁고 구체적인 다양한 수단이 마련되어 있다. 거주방식 및 개선에 대한 요구사항을 파악하기 위한 호별 조사, 전체의논과 개별의논의 병행, 변기 및 손잡이, 모델룸 등의 실물실험, 선진 사례의 견학, 실제 부지에서의 계획안 검토 등 구체적이고 현장감 있는 학습 및 평가, 꽃구경, 회식 등의 유락활동, 모형을 활용한 가구배치의 개별상담, 실질적인 생활 실천을 토대로 한 입주 후 평가 등 목적에 따라 최적의 참여방법이 고안되고 있다. 이를 통해 거주자는 계획안 및 사업진행 방향을 이해할 수 있으며, 또한 즐거운 분위기에서 자유롭고 편안하게 의견을 제시할 수 있게 된다. 또한 실물실험 및 입주 후 평가를 통해 거주자 평가의 정확도를 높이는 효과를 기대할 수 있다.

4) 개별성의 중시

종래의 계획이 거주자를 대중의 개념으로 바라보고 최대다수를 위한 최적의 환경 만들기를 중시했던 것에 반해, 참여형 디자인은 개인으로 눈을 돌려 개인의 차이를 전제로 한 개인의 활성화를 목표로 한다. 개성 및 그 집적으로서의 전체성, 그리고 다양성을 살리기 위한 개개인의 '생각' 및 '혼잣말'이라도 세밀하게 귀 기울이는 대화, 이를 통해 '개별성' 및 '독자성' 있는 주호계획을 실현하고 있다.

거주자 참여의 특성과 의의

조직화된 거주자가 직접 기획, 계획, 건설하여 거주한다는 일련의 과정에 참여하고 협력함으로써 집합주택이라고 하는 물리적 환경형성과 인간관계의 형성 및 주거의식의 환기라는 사회적·인적 환경형성을 상호·상승적으로 촉진시킬 수 있다. 즉, 주민 참여형 디자인은 주거환경을 구성하는 물리적·인적 제반요소를 포괄적으로 창조하는 계획이라고 할 수 있다.

1) 공간디자인의 질적 전환

주민 참여형 디자인은 단순히 거주자의 주거 요구에 적합한 합리적인 공간 창조라는 수준을 넘어, 각 주체의 수평적·동태적인 관계에 따라 과학적

방법을 통해 거주자의 주거 요구를 객관적으로 대변해온 종래의 계획방법을 능가하는 선진성 및 혁신성을 제공한다.

① 즉지卽地 · 즉인卽人적인 계획

표준화된 불특정 다수의 입주자를 전제로 하는 경우, 획일적인 주호 · 주동이 일방적으로 계획 · 공급된다. 그 결과, 실제 입주자는 공간이라는 용기에 주거 스타일을 맞추거나 주어진 주택에 산다고 하는 타율적인 의식을 갖는 등 공간에 생활이 규정된다. 주민 참여형은 거주자의 개성적인 라이프스타일 및 주거 요구를 계획에 반영한다고 하는 '즉인성卽人性'과 기존의 단지 및 지역의 특성에 부응한다는 '즉지성卽地性'을 중시하는 것에 그 특징이 있다. 이를 통해 각각의 가족구성 및 라이프스타일에 치밀하게 대응한 개성적인 주호계획(실 배치 · 디자인 · 방식)과 커뮤니티에 적합한 독자적인 양질의 공용공간계획이 가능하게 된다(그림 1.6). 즉, 개별화된 거주환경과 전체 속에서의 다양성이 실현될 수 있다. 이는 동시에 한 사람 한 사람의 거주자에 대해 '다른 사람이 아닌 바로 자신을 위한 계획'이라고 하는 의식을 고양시킬 수 있으며 계획 참여에 대한 능동적 태도와 진지함을 환기시키는 것은 물론, 실현된 환경에 대한 거주자의 만족감, 나아가 우리 집, 우리 단지라고 하는 아이덴티티를 고양시킬 수 있다.

② 원활한 환경이행

개축 및 이사 등 생활거점의 이동에 의한 급격한 환경변화는 '환경이행' 측면에서 볼 때 위기적 이행危機的 移行이라고 말할 수 있다. 이에 대해 환경이행과정에 거주자가 직접 관여하고 디자인을 실천적으로 수행함으로써 전과 후를 시간적 · 공간적으로 연결한다는 점에서 참여형 주거계획은 환경이행과정 그 자체라고 할 수 있다. 참여를 통해 거주자 자신이 이행 후 환경을 최적으로 계획할 수 있기 때문에 이전과 이후 생활의 급격한 변화를 완화시킬 수 있다. 또한 새로운 환경과 새로운 생활에 대한 예측 가능성이 높아지기 때문에 새로운 환경 및 커뮤니티, 주거생활에 원활하게 적응할 수 있게 된다.

그림 1.6 거주자 참여에 의한 공영주택의 개축계획(Y시 N단지)

- 거주자의 개별성을 살린 주호의 개별 설계
- 칸막이를 이용한 유연성 있는 계획
- 주호 주변의 틈새공간 등 여지공간을 남겨두는 계획
- 기존의 관계를 계승하고, 단지 주변에 개방된 계획

특히 기존의 거주자가 계속해서 거주한다는 것을 전제로 하는 재생의 경우에는 이전의 생활이력을 백지상태로 환원해 새롭게 계획하는 환경개변環境改變이 아니라, 그 가치 및 매력을 적극적으로 계승하는 공간 만들기[예를 들면, 거주자가 고안하고 존중해 온 거주방식을 살릴 수 있는 주호 설계(그림 1.7), 개방적인 생활 및 부담 없이 이웃과 교제할 수 있는 주호 · 주동계획, 거주자 자신이 길러 온 식재를 이식하여 활용할 수 있는 외구 · 조원계획, 단지 주변지역과의 근린관계를 발전시키기 위해 주변지역에 개방되어 있으며 일체화된 배치계획 등]가 가능하게 된다.

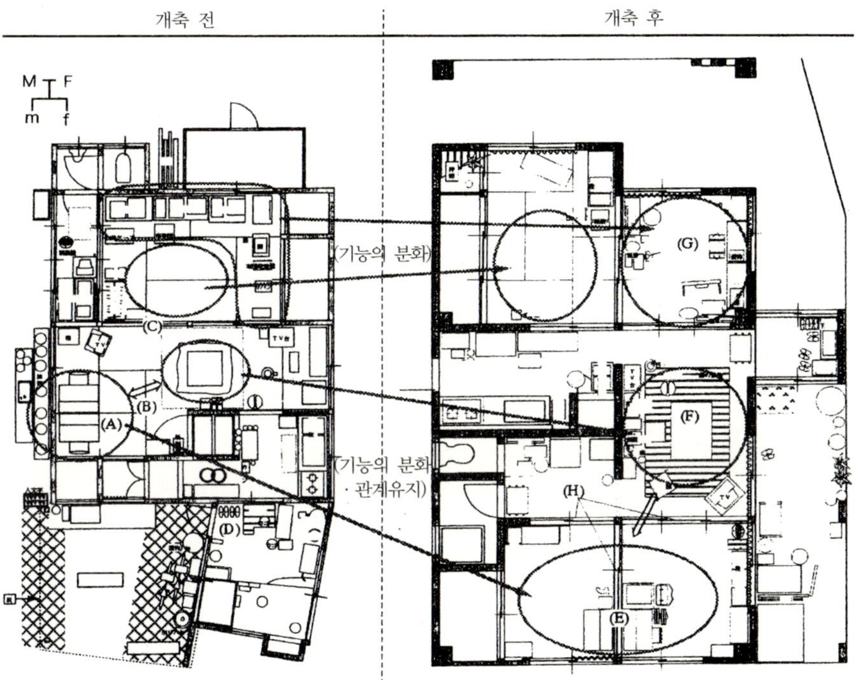

그림 1.7 개축 전 · 후의 거주방식의 지속적인 변용(Y시 N단지 T저택)

- 가족공간과 아이들 공부공간의 접근성 계승
- 한 공간에 같이 있었던 공부공간과 가족공간의 분화 · 개실의 확보
- 부부침실 공간과 창고의 혼재에서 분화로

③ 약한 계획

편협한 전문지식을 지니고 있는 설계자 주도의 규정적인 '강한 계획'을 피하고 거주자가 지니고 있는 '생활지식 生活知'을 계획에 반영하여 거주자가 주거환경에 대해 자율적이고 우발적으로 활동할 수 있게 함으로써 '약한 계획'을 실현할 수 있다. 예를 들면, 식재 및 도로포장으로 전체를 다 덮는 것이 아니라, 거주자가 채소밭이나 식재 등을 자유롭게 가꿀 수 있도록 땅을 그대로 비워두는 외구계획(그림 1.8)이 가능하며 향후 집회소를 만들기 위해 공간을 필로티로 확보해 둘 수 있다. 이러한 '여지공간을 남겨두는 계획' 및 '가변적인 공간계획'은 계획단계에서 거주자와의 계약 및 합의를 통해 실현될 수 있다. 빈틈없고 불변성이 중시되었던 종래의 '강한 계획'이 '인간소외'를 야기한 것에 대해,

그림 1.8 여지공간을 활용한 채소정원 가꾸기

- 토지 그대로의 외부공간을 거주자가 채소정원으로 바꿔나간다.
- 주위의 거주자가 채소정원을 가꾸면서 채소정원 옆에 사는 고령자를 보살펴 준다고 하는 거주자 특유의 구상

유연하고 모호한 공간계획은 '인간중심'의 공간을 가능하게 한다. 이는 자신에게 적합한 환경은 자신이 직접 만든다고 하는 거주자 의식을 환기시키는 것은 물론, '약한 계획'을 토대로 한 여지공간을 남겨두는 계획 및 가변성 있는 공간계획과 더불어 자연스럽게 환경형성에 대한 태도를 양성한다. '약한 계획'은 계획단계에서뿐만 아니라 거주단계에서도 환경을 오픈엔드로 계속해서 만들어낼 수 있으며, 그 주체가 거주자로 치환 · 위양되도록 하는 바탕이 된다. 또한 거주자 개개인이 거주단계에서 주체적 · 자율적으로 생활환경을 창출할 수 있도록 함으로써 개개인의 행동의 자유도를 높이고 생활창조를 위한 사고를 넓힐 수 있다.

④ 융통성 있는 디자인

미리 정해진 대로 진행되는 규정적인 계획과 달리 즉인적卽人的 · 즉지적卽地的 · 표류적인 계획에서는 거주자의 가치관이 세세한 부분까지 반영되기 때문에 예상치 못한 곳에서 우발적 · 비약적인 계획이 나타나는 경우가 있다. 주호 간에 평면적 · 입체적으로 경계를 조정하는 등 주호계획의 세밀한 조정(그림 1.9), 연결된 발코니에 의한 공 · 사 영역의 모호함(그림 1.10), 이웃 왕래의 활성화를 위해 개방적인 LDK에 직접

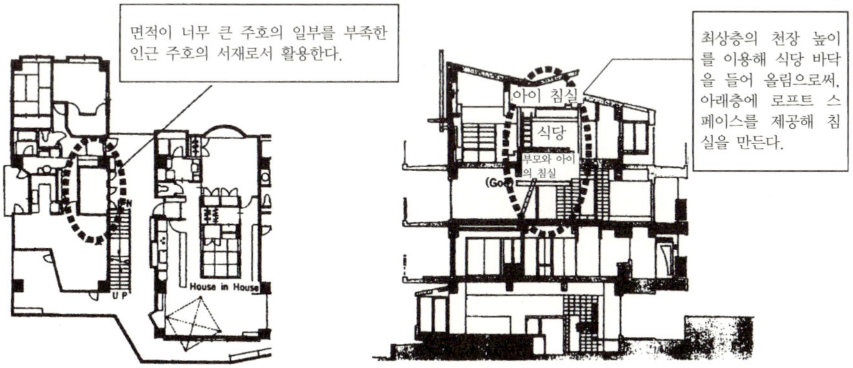

그림 1.9 주호 간의 치밀한 세부조정

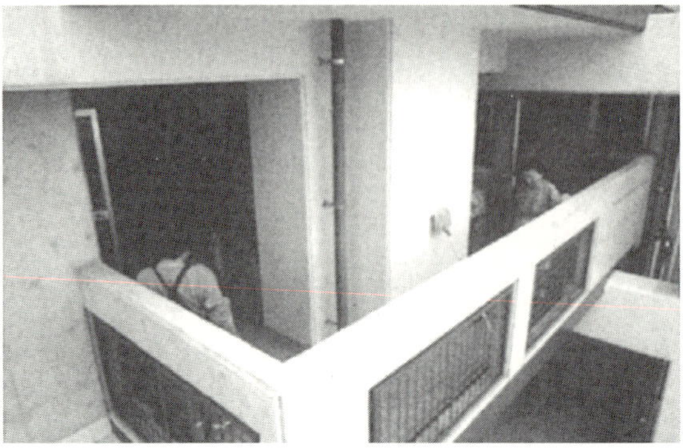

그림 1.10 연속 발코니

기존의 친밀한 관계를 계승할 수 있도록 뒷문을 통하여 서로 드나들 수 있도록 한다.

면해 있는 남측 통로 등(일반해를 추구하는 종래의 계획수법으로는 실현 불가능한) 공간의 상호관계라는 점에서 신기축을 여는 디자인이 실현되고 있다. 이는 참여형 프로세스를 통해 형성된 거주자 간의 인간관계 및 자율성으로 뒷받침되며, 거주자와 계획자 간의 협력과 이해를 통한 프로세스에 의해서만 실현될 수 있는 개성적이고 유연한 디자인이다. 상반되는 두 가지 중에서 한 가지를 선택하는 것이 아니라, 두 가지 의미를 동시에 지니며 세밀한 조정을 통해 계획할 수 있다는 것이 그 특징이라 할 수 있다.

2) 주거의식의 활성화

주민 참여형 계획은 거주자를 대중이라는 개념으로 인식하여 전체 속에 개개인을 묻어버리는 것이 아니라, 거주자의 개성 및 집합주택 각각의 특성을 살리는 개체를 기반으로 한 그 축적 및 상호관계에 의해 전체를 구축하는 방식으로 이루어진다. 거주자 한 사람 한 사람이 계획단계에 직접 관여함으로써 거주 요구를 실체화 · 공간화할 수 있기 때문에 '자신(들)을 위한', '수준에 맞는' 환경을 확보하고 거주자 자신이 능동적 · 주체적으로 환경을 창조할 수 있었다는 성취감을 맛볼 수 있다. 이는 주민 참여형 계획의 고유한 특징이며 계획 및 실제 환경에 대한 만족감, 애착 및 친숙함, 관심, 아이

덴티티 등 거주자와 주거환경 사이에 밀접한 관계를 형성하는 '환경친화성'을 향상시킨다. 또한 공간계획이 어떻게 해서 만들어졌는지 그 의미와 목표를 거주자 스스로가 숙지함으로써 환경에 대한 의식을 고양시킬 수 있으며, 이는 나아가 '환경친화성'으로 이어지게 된다. 거주자가 환경에 대해 갖는 의식은 참여를 통해 다양하게 생겨날 수 있다.

① 소유의식

주거 요구 및 지역 특성 등을 반영함으로써 신체적·감각적으로 친밀한 공간을 계획할 수 있으며, '우리집' 의식을 비롯해 공용공간 및 주거환경 전체에 대해 '우리 장소(≠모두의 장소)'라고 하는 의식을 고조시킬 수 있다. 이는 주어진 환경에 대해 소유 및 점유하지 않고도 그 활용 가능성을 적극적으로 자신의 것으로 살려 유지관리하고자 하는 '소유의식'으로 연결된다(그림 1.11). 소유의식은 공용공간 및 주거환경 전체에 대해 '공용과 전용'이라는 두 가지 의미를 동시에 갖기 때문에, 이용의 자유도와 능동적 태도를 향상시키고 동시에 '자기 좋을 대로만 할 수는 없다'라고 하는 자율성도 함께 갖게 한다.

그림 1.11 거주자에 의한 공용공간 만들기

신규 입주세대의 아이들을 위해 모래사장을 마련한다.

② 환경에 대한 태도

주민 참여형 계획을 통해 거주자는 개성 있고 질 높은 주거환경을 실현하고 자신에게 적합한 환경을 스스로 만들어 낼 수 있음을 실감할 수 있다. 이는 거주 후 보다 나은 주거환경을 만드는 데 능동적 · 주체적으로 전념하도록 하는 동기부여가 된다. 주거환경에 대한 깊은 의식, 생활 이미지의 각인, 거주자의 활동을 촉진 · 수용하는 '여지공간'이 있는 물리적 환경 등이 서로 맞물려, 주거환경을 전체 속에서 지각하고 보다 나은 환경 만들기에 능동적으로 관여하고자 하는 '환경에 대한 태도'가 양성된다. '환경에 대한 태도'에는 생활과 공간의 대립에 대한 개선 및 조정을 도모하려고 하는 negative capability(마이너스 상황의 개선 · 해소 작용)뿐만 아니라(그림 1.12), 라이프스타일에 들어맞는 공간계획과 협조를 지레로 하여 생활의 질을 한층 높이려고 하는 positive capability(플러스 상황의 증식 · 발전 작용)의 두 가지 측면이 있다(그림 1.13). 계획 수립에 있어서 '생활지식 生活知'과 '전문지식 專門知'의 상호 작용에 의해 생활가치와 공간가치가 상승되고, 이는 특히 positive capability를 양성하여 주거환경의 지속적인 발전을 기대하게 한다.

그림 1.12 negative capability : 거주자에 의한 난간 설치

- 난간이 없고 에어컨이 잘 작동되지 않는다는 계획상의 문제점을 거주자가 직접 개선한다.
- 창호지에 어울리게 난간 디자인을 거주자가 직접 고안해내는 등 문제점을 긍정적으로 받아들여 애착을 가지고 해결해 나간다.

그림 1.13 positive capability : 거주자의 주거요구가 실현된 장

염원해오던 학습공간을 확보하여 단지 내 아이들을 위한 꽃꽂이 및 서예교실을 열어 커뮤니티를 활성화한다.

③ 재생계획과 사업의 원활한 진행

지금까지는 일반적으로 사업자(행정) 측에서는 공공주택 건설에 있어서 주민 참여에 대해 수고 · 시간 · 비용이 드는 '귀찮은 일'로 여겨 왔다. 그러나 재생계획에 있어서 주민 참여는 사업자(행정)와 거주자 간의 상호이해를 돕고 거주자를 충분히 납득시켜 합의에 이를 수 있기 때문에 오히려 계획 · 사업을 원활하게 하고 효율적으로 진행시킬 수 있다는 견해가 확산되었다. 또한 거주자 각자의 주거 요구에 대응하는 것이 결과적으로 합리적인 계획 · 사업 추진을 가능하게 한다는 사실이 밝혀졌으며, 이는 주민 참여에 대한 행정의 이해 및 적극적인 대처로 이어졌다. 주민 참여는 틀에 박힌 일로 여겨지는 행정사업을 효율적으로 진행시키기 위한 도구도 수속도 아니다. 거주자 생활을 활성화하고 재생의 주체를 행정에서 거주자로 전환시키기 위한 방법으로서 주민 참여를 인식하여 사업에 대처함으로써 비로소 사업의 효율화 · 합리화가 도모되는 것이다.

주민 참여를 위해서는 제도가 뒷받침하는 사업으로서의 단지재생을 거주자 주체에 의해 자율적이며 지속적인 주거환경 창출로 전환하는 것이 요구된다. 즉, 주민 참여에 의한 단지재생은 '거주자의 · 거주자에 의한 · 거주자를 위한 주거 만들기'라고 할 수 있을 것이다.

요코야마 슌스케(横山俊祐)

2

재해지역의 환경디자인

– 오픈카페를 통한 응급가설주택 지원의 시도

2004년 니가타현 츄에츠 新潟県 中越를 뒤덮은 두 재해(7.13수해, 츄에츠 지진)는 그곳에 사는 사람들에게 막대한 피해를 입혔으며, 건설된 응급가설 주택은 71개소 3,860주호에 달한다(표 1.3, 그림 1.14, 1.15).

표 1.3 7.13수해 · 츄에츠 지진의 피해개요

7.13수해

재해발생 일시 : 2004년 7월 13일

인적피해

사망자(명)	15	중상(명)	2	경상(명)	1	합계 18명

주거피해

전체파괴(유출 포함)		반 파괴		일부 파손		바닥 위 침수		바닥 아래 침수	
동수	세대	동수	세대	동수	세대	동수	세대	동수	세대
70	68	5,354	5,437	94	94	2,178	2,222	6,117	6,176

가설주택 설치상황 : 3단지 400호

츄에츠 지진

재해발생 일시 : 2004년 10월 23일

인적피해

사망자(명)	51	중상(명)	635	경상(명)	4,160	합계 4,846명

주거피해

전체파괴		대규모 반 파괴		반 파괴		일부 파손	
동수	세대	동수	세대	동수	세대	동수	세대
3,185	3,138	2,159	2,147	11,566	11,867	103,500	111,909

가설주택 설치상황 : 63단지 3,460호

그림 1.14 건설된 응급가설주택

가설주택은 재해를 입은 가옥을 새롭게 개축하기 전까지 단지 비바람을 피하기 위한 "임시적인" 집이 아니다. 재해에 의한 환경의 급격한 변화는 신체적 및 정신적으로 상당히 큰 부담을 갖게 한다. 재해로부터의 피난하고 가재도구를 이동시키면서 받는 신체적인 피로는 물론, 추억이 담겨 있는 익숙해진 주거와 오랜 세월을 걸쳐 쌓아온 커뮤니티의 상실 등 그 심리적인 영향은 이루 다 헤아릴 수 없다. 가설주택은 갑자기 주호를 잃어버렸다고 하는 위기적 환경이행에 직면한 피해자가 향후 주거환경을 향상시키기 위한 생활회복장소이며, 잠정적인 거주라고 해서 그 거주환경을 경시할 수는 없다. 마

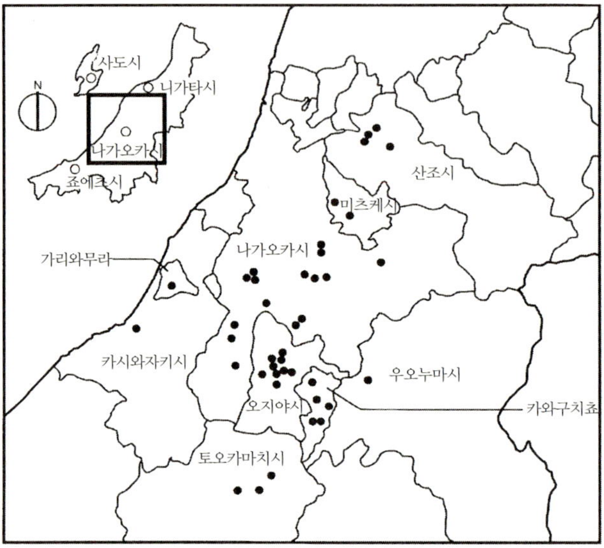

그림 1.15 수해 및 지진피해로 건설된 가설주택단지
(주호 수 20호 이상)

끼 牧[1]는 '응급가설주택을 재건의 과도기적 단계로서 평가하고 주택을 잃은 사람들이 전에 살았던 부지 내에 응급가설주택을 공급하여 그곳에서 본격적인 재건까지의 기간을 보낼 수 있도록 고려해야 한다'고 언급하며, 피해에서 재건이라고 하는 라이프 스테이지 life stage에서 가설주택은 생활의 거점이라고 기술하고 있다.

이 연구의 목적은 7.13 수해와 츄에츠 지진 후 마련된 응급가설주택의 거주환경을 (1) 거주자에 의한 거주방식, (2) 거주자에 의해 형성된 커뮤니티라는 두 가지 측면에서 밝히는 것이며, 이 조사와 병행하여 거주환경 개선을 지원한다는 점에 그 특징이 있다. 건축계획 연구자가 거주환경 조사를 실시하는 것은 거기에서 얻어진 지식을 장래에 몇 가지 형태로 피드백해가는 것을 전제로 한다. 그러나 피해지 조사의 피드백은 '장래를 위한 교훈'은 될 수 있지만, 그곳에서의 조사가 거주자가 현재 직면하고 있는 문제를 해결하는 데에는 도움이 되지 못하는 경우도 많다. 피해지역 현장에서는 '장래에 도움이 되는' 것은 물론 '지금 도움이 된다'는 것을 전제로 함과 동시에 '향후에도 도움이 되는' 것이 필요하다.

이러한 목적 하에 이 연구조사에서는 니가타대학 新潟大学, 나가오카조형대학 長岡造形大学, 동경이과대학 東京理科大学, 쇼와여자단기대학 昭和女子短期大学 학생들과 함께 2년에 걸쳐 '가설 de 가설카페'라고 하는 프로젝트를 진행해 왔다. 이 프로젝트는 가설주택지 내에 직접 만든 오픈카페를 운영하면서 가설주택의 거주환경 조사를 실시하여 상황에 맞게 지원한다는 것이다. 이는 아직 진행 중에 있지만 지금까지 겪어온 시행착오에 대해 소개하고자 한다.

가설주택단지의 상황

응급가설주택의 전체 개요를 파악하기 위해 니가타현 츄에츠 지역에 건설된 가설주택단지 중 주호수가 20호 이상인 단지, 총 44개소에서 시찰조사를 실시했다(그림 1.15). 실제로 현지를 순회한 후 가장 놀란 사실은 불과 반년의 기간에 각 가설주택단지마다 인상이 서로 크게 달라졌다는 점이었다. 거주자 각자가 구상해낸 아이디어가 주동 간의 가로에까지 나타나 있는 가설주택단지가 있는가 하면, 입주 당시의 살풍경이 그대로 남아있는 가설주택단지도 있었다(그림 1.16).

그림 1.16 입주 반년 후의 가설주택

츄에츠 지진으로 인한 가설주택이 한랭다설 지역인 것을 고려해 현관 주변 부분에는 나무틀에 폴리카보네이드 골판을 붙인 바람막이 패널이 설치되었다. 거주자는 여기에 울타리나 문을 달아 현관 앞 바람막이실로 이용하거나 그것을 확장하여 창고로 사용하고 있다. 가설주택단지별로 바람막이실의 개조율을 비교해 보면 80%를 넘는 주호에서 개조가 이루어져 있는 단

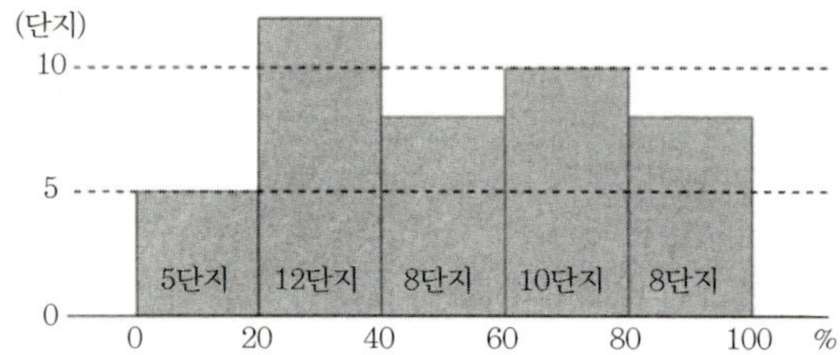

그림 1.17 가설주택 바람막이실의 개조율(단지별)

그림 1.18 바람막이실의 다양한 개조방법

지가 있는 한편, 20%를 밑도는 주택단지도 있어(그림 1.17) 개조의 정도 및 수법에는 단지마다 큰 차이가 있었다(그림 1.18). 또한 표출물에 의한 주택 표면의 피복률을 비교해도 단지마다 큰 차이가 있다는 것을 알 수 있었다(그림 1.19). 이렇게 거주환경에 대한 거주자의 활동의 차이가 가설주택지의 인상을 불과 반년 만에 크게 변화시켰다는 것은 상상하기 어려운 일이 아니다.

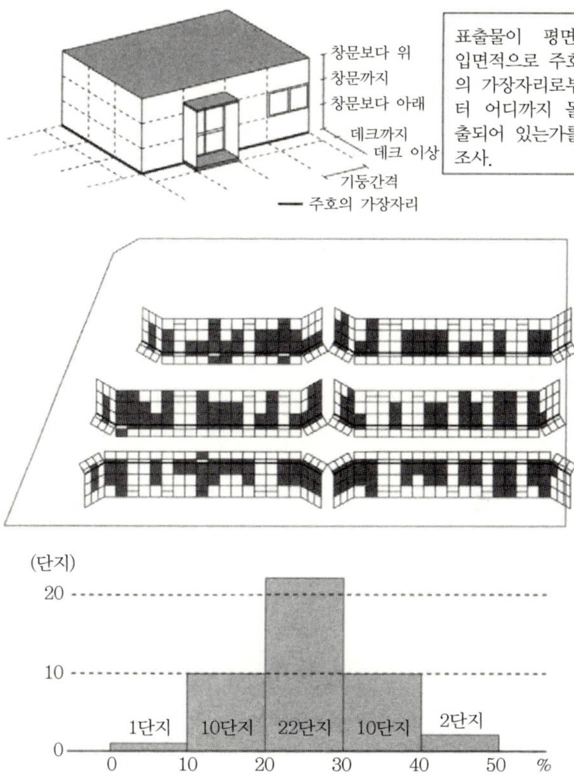

그림 1.19 가설주택의 표출에 의한 피복률(단지별)

■ 정보의 차이

가설주택단지별 거주자 속성에도 큰 차이가 없고 제공된 가설주택의 형태도 거의 동일하다. 그렇다면 환경에 대한 거주자 활동에 이러한 차이가 생기는 이유는 무엇일까? 그 원인 중 하나가 가설단지 내에서 공유되는 정보의 차이이다. 그림 1.20은 바람막이실의 증축방법이 동일하게 나타나 있는 것을 보여 주는 예이다. 가설주택을 적극적으로 개조한 거주자가 있는 단지에서는 그 영향에서인지 근처에서도 비슷한 개조가 보였다. 앞으로 기술할 인터뷰 내용에서도 이웃끼리 서로 개조방법을 가르쳐준다거나 건축사무소를 소개해 주는 예가 많이 나타난다. 한편, 거주자에 의한 개조가 전혀 보이지 않는 주택단지에서는 퇴거 시 '원상복귀'라는 말을 엄밀히 받아들여 못 하나 박는 것도 주저하고 있는 거주자도 있었다(실제로는 시에 신고하면 현관 주변을 개조하는 것도 가능하고 거주환경을 개선하기 위한 약간의 개조는 전혀 문제가 되지 않는다).

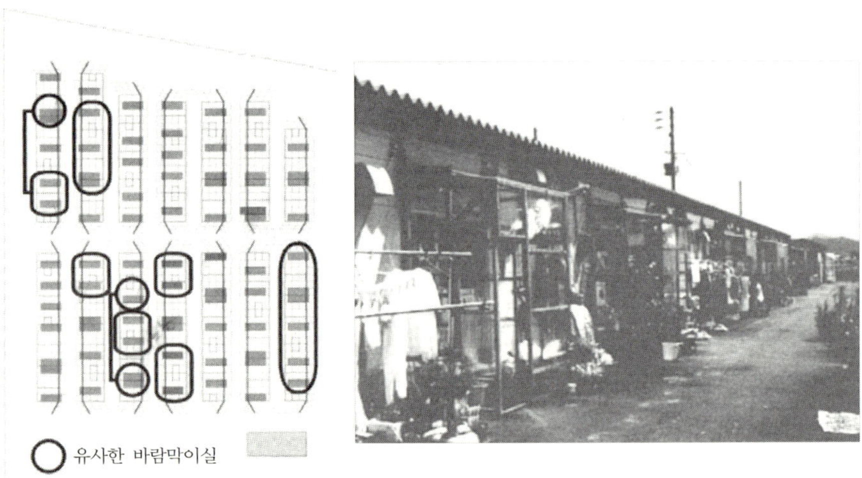

그림 1.20 유사한 개조수법의 분포

가설카페 1년째 – 정보전달의 매개

이상의 조사결과를 근거로 하여 우리는 가설주택단지의 거주자 간 또는 가설주택단지 간의 정보매개가 되는 것을 만들어보자는 취지로 가설단지를 순회하며 각자 스스로 모아온 정보를 널리 퍼뜨려 가는 카라반부대 같은 것을 기획했다. 그것이 바로 '가설 de 가설카페'이다(그림 1.21).

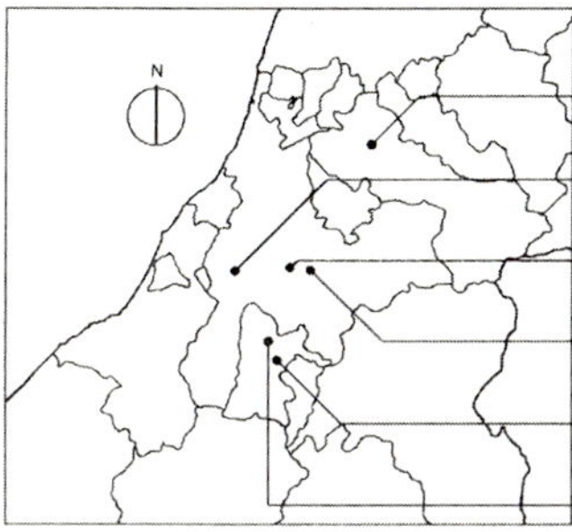

no.	개최일(2005년)	개최장소
1	9/10 (土) 11 (日)	산조시 츠키오카지구
2	9/17 (土) 18 (日)	나가오카시 요코다이
3	9/24 (土) 25 (日)	나가오카 중앙지구 (조차장)
4	10/16 (日)	나가오카 동부지구 (유큐산)
5	10/23 (日)	오지야시 모토나카고
6	10/30 (日)	오지야시 치야

그림 1.21 가설카페시설 개요 (1년째, 2005년)

카페는 포개어 수납할 수 있는 목재 상자와 농업용 비닐하우스 골조를 전용한 차양텐트로 되어있으며 보통자동차 몇 대 혹은 라이트 밴 1대로 현지에 들어갈 수 있기 때문에 도착해서 1시간 내에 오픈이 가능하다(그림 1.22). 그 모습은 마치 가설주택지 빈터에 갑자기 나타난 작은 텐트촌 같기도 하다. 또한 가설주택지에 부담을 주지 않기 위해서 집기를 전부 가지고 들어갈 수 있도록 하였다. 카페는 셀프서비스이다. 커피 이외에도 텐트 가득 여러 가지 티백이 준비되어 있어 좋아하는 차를 골라 마실 수 있으며 각자 나름대로 시간을 보낼 수 있다.

그림 1.22 가설카페 세트

가설주택 개조에 관한 정보를 전달하기 위한 장치로서 준비한 것이 '가설개조 갤러리'이다. 조사를 통해 수집된 가설주택 개조에 관한 노하우를 카드 형태로 만들어 텐트 내에 전시하였다. 단지 전시하는 것만으로 끝나는 것이 아니라, 그것을 보러 온 거주자에게 그 밖에 자신이 알고 있는 개조 노하우 및 생활상의 문제점에 대해 프리 인터뷰를 실시하여 새로운 정보를 알아냈다. 그렇게 해서 얻어진 새로운 개조 노하우를 카드로 만들어 새롭게 전시에 추가하는 한편, 다른 거주자에게 인터뷰를 실시해 문제점의 해결책을 찾아내기도 하였다. 또한 카페에서는 '가설개조 갤러리'와 병행하여 거주자 스스로가 거주환경에 대해 생각해 볼 수 있는 기회를 제공하는 것을 목표로 한 '표찰 만들기'와 '아트카드 갤러리'도 마련했다.

여기에서 시도된 조사수법은 조사협력자로부터 정보를 얻어냄과 동시에 새로운 정보를 제공하는 것으로, '정보교류형 조사'라 해도 좋을 것이다(그림 1.23). 조사에서는 '가설카페'를 계기로 독창적인 개조를 하고 있다는 거주자나 시공을 하청 받은 목수와 서로 잘 알게 되어 개조시기, 개조방법, 가격 등에 대해 물어보고 가설주택 거주 방식에 관한 정보를 수집하는 일 등을 수행했다. 그렇게 해서 얻어진 사례를 통해 피해주택의 폐자재를 이용한다거나 목수의 시공을 참고로 한 노하우가 통용되고 있다는 사실을 알게 되었으

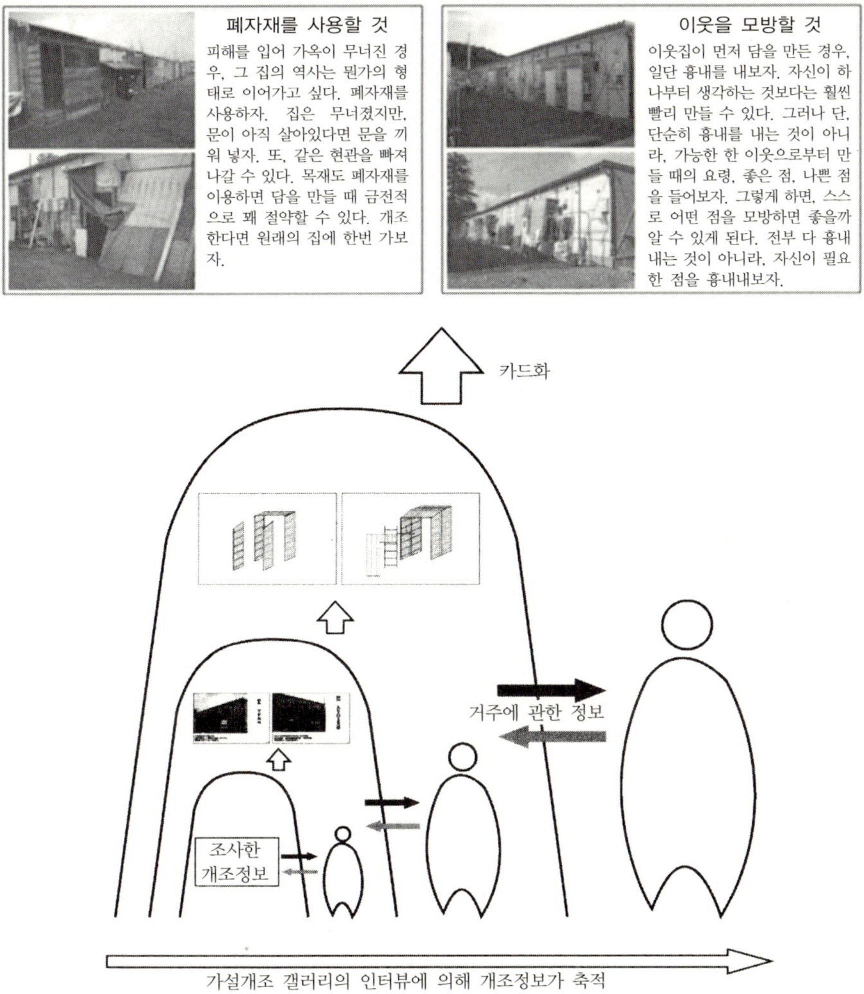

그림 1.23 정보교류형 조사 개념도

며 그것을 카드화하여 가설개조 포토갤러리에 전시했다. 이렇게 카페를 운영해가는 사이에 기하급수적으로 정보가 축적되어 새로운 순환을 낳을 수 있었다. 또한 가설주택을 퇴거할 때에는 원상복귀가 원칙으로 정해져 있어 개조부분의 원상복귀방법 및 개조에 이용한 부재의 리사이클 방법 등이 향후 거주자들이 원하는 정보라는 것을 알 수 있었다.

유대관계

'가설 de 가설카페'에는 많은 거주자가 방문하여 대성황을 이루었다. 카페를 방문한 사람들에게 실시한 인터뷰를 통해 가설주택지 내에서의 사람들 간의 유대관계 등 겉으로 보아서는 알기 힘든 거주환경 상세에 대해서도 알 수 있었다.

한신阪神 대지진 시 2년간 무려 120명이 고독사孤獨死했다는 것을 교훈으로 삼아 츄에츠 지진의 가설주택 설치에 있어서는 사람들의 유대관계에 중점을 둔 계획이 이루어졌다. 가설주택지는 이전의 취락 근처가 용지로 선정되어 취락단위로 입거하는 방식이 채용되었다. 마을 전체가 피난하여 만들어진 옛 야마코시무라山古志村의 가설주택지도 이전의 취락별로 모여 있을 수 있도록 주호를 할당하였다. 또한 50호 이상의 주호를 가진 단지에는 집회소를 병설하였으며 10호 이상의 주호를 가진 단지에는 휴게실을 설치하였다.

이와 같이 사람들 간의 유대관계에 중점을 둔 계획은 어느 정도 성과를 가져왔다. 나가오카시長岡市 치토세千歲 가설단지에는 주차장과 광장이 단지와 단지 사이에 마련되어 취락 단위로 입주해 있는 단지(남쪽 지구)와 제각기 흩어진 형태로 입주해 있는 단지(북쪽 지구)가 있는데, 바람막이실 증축률을 비교해 보면 남쪽 지구가 북쪽 지구의 배 이상으로 많다. 이러한 사실은 이전부터 거주자들에게 친숙한 남쪽 지구 쪽이 사람들의 교류를 통해 개조에 관한 많은 정보가 공유되고 있다는 것을 짐작하게 한다(그림 1.24). 인터뷰 결과에서도 마찬가지로 가설주택이라도 이전에 살던 곳이 친숙하며 지연을 살린 커뮤니티가 지속되고 있다는 것이 드러났다. 집회소에서는 콘서트 등 봉사활동이나 각종 단체가 기획한 다양한 이벤트가 이루어지고 있었으며,

‘이벤트를 계기로 서로를 알게 되었다’는 사람들이 많아 집회소에서 행해지는 이벤트가 사람들 간의 새로운 유대관계를 낳는 계기가 되고 있음을 알 수 있었다.

<table>
<tr><td colspan="3">북쪽 지구</td><td colspan="3">남쪽 지구</td></tr>
<tr><td colspan="6">주호 배치도</td></tr>
<tr><td colspan="3">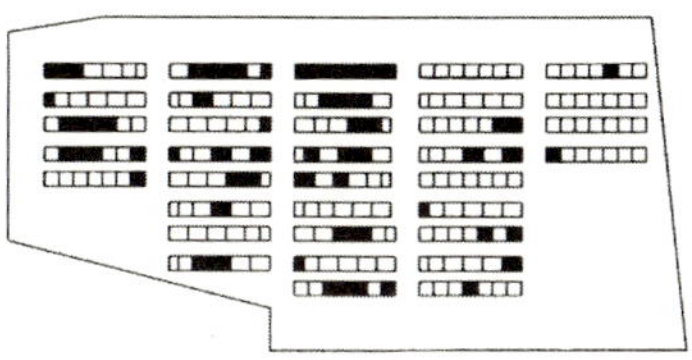</td><td colspan="3">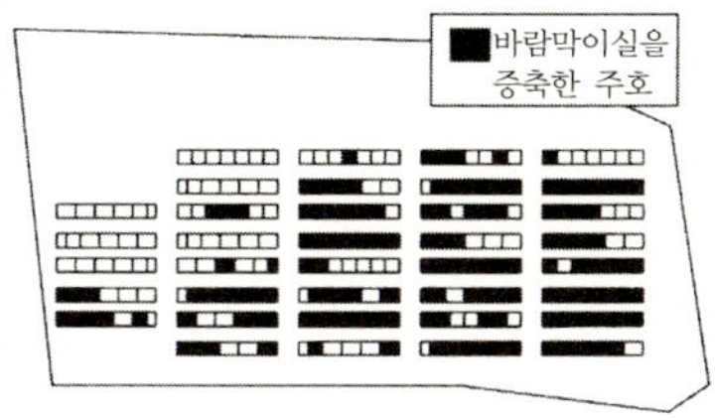
</td></tr>
<tr><td colspan="2">223</td><td colspan="2">주호 수(호)</td><td colspan="2">236</td></tr>
<tr><td colspan="2">60</td><td colspan="2">증축 주호 수(호)</td><td colspan="2">133</td></tr>
<tr><td colspan="2">27</td><td colspan="2">증축률(%)</td><td colspan="2">56</td></tr>
</table>

그림 1.24 치토세 가설단지의 증축상황 비교

▪ 고밀 커뮤니티의 폐해와 가설카페의 역할

이와 같이 취락단위의 입주 및 집회소(집회소에서 일어나는 이벤트 포함)를 활용한 거주자 간의 유대관계 확보는 거주자의 고립을 막는 것이 우선시되는 단계인 입주 초기에 더욱 유효했다고 추측된다. 그러나 이와 같이 사람들 간의 밀도 높은 유대관계를 낳을 수는 있었지만, 한편으로는 그 폐해도 드러났다.

그 하나가 유대관계의 배타적인 측면이다. 시간이 지나면서 사람들 간의 유대관계가 고정되어 새로운 유대관계가 생기기 어렵게 되었다. 다른 곳에서 입주해 온 사람들 중에는 ‘커뮤니티에 합류할 수 없어 고립되어 있다’고 하는 사람도 있었고 집회소에 모인 멤버가 고정되어 있어 그 사람들에 의해 집회소가 점유될 가능성도 보였다.

또한 지나치게 강한 유대관계가 항상 다른 사람들의 이목을 신경 쓰며 행동하게 하는 상호감시적 상황을 낳고 있었다. 인터뷰에서는 '여기에서 한번 벗어나면 되돌아갈 수 없다'는 등, 한번 가설주택을 떠나면 따돌림을 받지 않을까하는 위기감을 느끼는 사람도 있었고, '집회소의 댄스교실을 두 번이나 빠져서 사람들이 걱정할지도 모른다'고 하는 이웃에 대한 과도한 배려 등도 보였다.

가설주택단지 입주 초기는 임시방편으로 사람들 간의 유대관계 확보가 우선시 되었다. 그러나 그것이 실현된 단계에서는 보다 다양하고 선택의 여지가 있는 유대관계가 필요하며 가설주택단지에서뿐만 아니라 외부로부터의 유대관계도 고려한 '제2단계' 커뮤니티 지원이 요구된다. 이번 조사에서 시도한 가설카페는 거주자가 관여해 가는 입장을 여러 단계로 설정하여, 거주자 자신이 바라는 지원을 적극적으로 얻어갈 수 있도록 마련한 능동적인 지원방법이다. 기존의 집회시설을 이용하지 않음으로써 '가설단지 어디에도 속해 있지 않은 공간'을 만들어낼 수 있으며, 이는 가설주택에 살고 있지 않은 외부인도 자유롭게 드나드는 공간이 되어 '제2단계' 지원의 장으로서 가능성을 갖는다(그림 1.25).

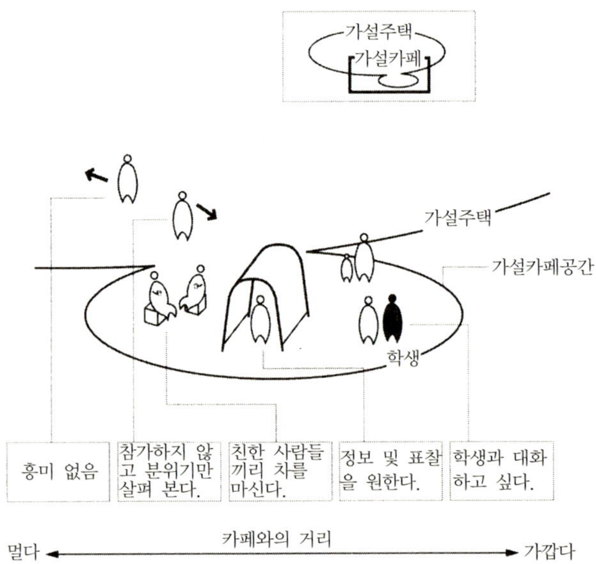

그림 1.25 커뮤니티와 가설카페

■ 2년째로 접어든 가설주택단지 – '가설에 대한 지혜'의 축적

가설주택에서의 두 번째 여름을 맞아 우리는 다시 단지 내 카페를 운영할 것을 계획하였다. 2년째 프로젝트에서 우리가 주목한 것은 1년 반의 가설단지 생활에서 축적된 '가설에 대한 지혜'이다. 현관 앞에 설치된 벤치에 함께 모여 이야기를 나누고 있는 모습, 주동 간의 공간을 활용한 채소정원, 아이들이 놀거나 숨는 장소 등 얼마 안 되는 거주기간동안 그곳에 사는 사람들에게 있어서 다양한 가치와 의미를 지닌 장소가 형성되어 있었다. 가설주택에서 생활한 2년간은 결코 '잃어버린 2년'이 아니었을 것이다. 가설주택지에서의 생활이 어떠했는지 되돌아볼 수 있는 기회를 제공하고 그 기억을 공유한다는 것은 그 동안의 2년을 긍정적으로 여기게 하는 계기가 될 것이라고 생각한다.

한편, 가설단지는 퇴거자가 증가하면서 서서히 통합의 움직임을 보이고 있다. 향후 빈 주호에 새롭게 거주자가 전입해 오는 것도 예상할 수 있으며, 이러한 제2차 신규 입주자들에게도 '가설에 대한 지혜'는 공유될 것이다.

■ 가설카페 2년째 – '가설에 대한 지혜'를 살리려는 시도

2년째의 '가설 de 가설카페'는 옛 야마코시무라山古志村의 피해자가 사는 요코다이陽光台 가설주택단지에서 운영되었다(그림 1.26).

'가설에 대한 지혜'로서 (1) 거주자에게 있어서 가치와 의미를 갖는 장소, (2) 재해로부터 현재에 이르기까지의 생활회복 프로세스라는 두 가지 점에 착안하여 각각의 조사와 함께 그 정보를 거주자에게 환원할 수 있는 정보교류형 조사('우리 가설단지'와 '우리 가설앨범')를 실시했다.

우선 '우리 가설단지'에서는 가설주택단지의 입체모형을 준비하고 '모이는 장소', '편안하게 쉴 수 있는 장소', '가설단지 애완동물', '치유장소' 등의 마크(모형에 설치할 수 있는 깃발)를 준비해 모형지도에 자유롭게 정보를 추가할 수 있도록 하였다. 다른 거주자가 표시한 장소에 관해서 보충적으로 설명하는 거주자도 많이 있었고, 이야기 들었던 내용의 코멘트 카드를 관련지어서 게시하기도 하였다. 이와 같이 거주자에게 있어서 가치와 의미를 갖는 장

■실시일시
2006년 10월 10일 (화)
10월 11일 (수)
10월 13일 (금)
10월 17일 (화)
10월 18일 (수)
10월 21일 (토)
10월 22일 (일)

■개최시간 :
12시~16시

■실시장소 :
요코다이 가설주택지 B집회소 앞

※2006년 카페는 작년처럼 순회는 하지 않고, 실시장소를 1개소로 해서 중점적으로 실시했다. 실시한 요코다이 가설주택지는 야마코시무라의 피해자가 거주하고 있다.

실시개요

실시풍경

우리 가설앨범
요코다이 가설주택이 설치된 후 현재에 이르기까지 실시된 다양한 이벤트에 관한 신문기사, 봉사활동센터 및 거주자로부터 제공받은 사진을 전시하고, 자신이 참가한 이벤트에 대한 감상을 추가하거나, 또한 사진을 제공 받기도 하며 가설주택지 전체의 '추억앨범'을 제작했다. 그러한 과정에서 가설주택지를 살아가며 겪은 체험담 등을 인터뷰했다.

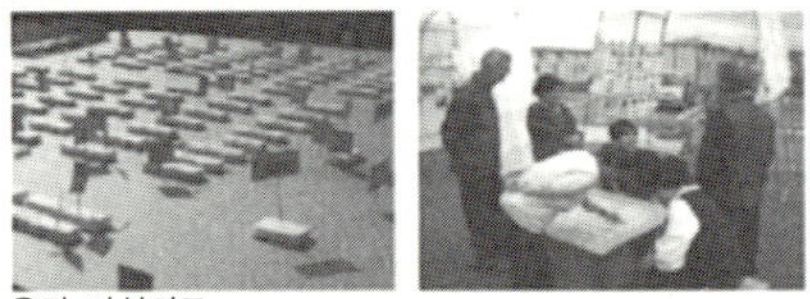

우리 가설지도
가설주택지의 모형에 '모두가 모이는 장소', '치유장소', '개가 있는 집', '편리한 장소' 등 거주자에게 있어서 유익한 정보를 마크해가며, 가설주택지의 2년간의 생활에서 생겨난 여러 장소를 카페에 방문한 거주자 전체가 공유할 수 있도록 했다.

그림 1.26 가설카페시설 개요 (2년째, 2006년)

소의 정보를 축적하여 그것들을 거주자 간에 공유할 수 있도록 했다.

실시기간 중 카페를 방문한 거주자로부터 정보를 제공받았으며 그 중 몇몇 사람에 대해서는 실제로 방문하여 인터뷰도 실시했다. '우리 가설단지' 프로젝트 가운데 요코다이 가설주택단지 거주자 간의 교류거점으로서 역할을 한 것은 처마 끝에 설치된 벤치와 '밭'이었다. 밭은 제공받은 채소정원을 거주자가 개간한 것으로 가설주택의 동과 동 사이 공간 및 그 주변에 위치한다. 이곳 거주자는 농촌취락(옛 야마코시무라)에서 피난해 온 사람들이었기 때문에 밭 가꾸기가 매우 성행했다. 인터뷰를 통해 밭 가꾸기를 계기로 아는 사람이 많아졌다고 하는 예나 집 앞의 밭이 어느 샌가 근처 사람들의 교류장소가 되어 있었다는 예 등을 들을 수 있었다(그림 1.27).

현관 앞 의자 및 벤치①

현관 앞 의자 및 벤치②

현관 앞 의자 및 벤치③

가설단지를 한눈에 볼 수 있는 높은 지대

집회소

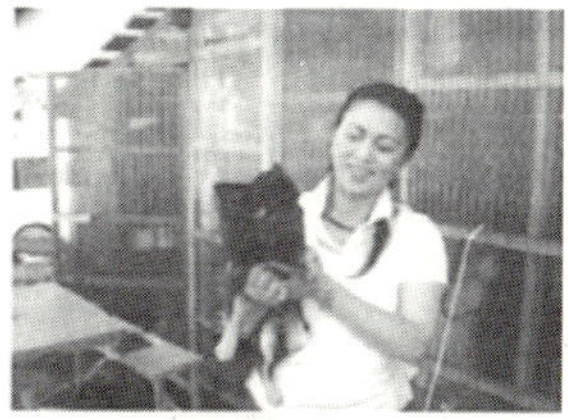

모두의 애완동물이 된 개

가정채소정원

가설주택지 내의 밭

길가에 설치된 벤치

그림 1.27 '우리 가설단지 지도'에 표시되어 있는 가설단지 내 장소

다음으로, '우리 가설단지 앨범'에서는 지진피해 발생 시점부터 현재까지의 신문보도에서 해당 가설주택단지와 관련된 기사와 집회소를 거점으로 활동했던 봉사활동 등이 기록되어 있는 사진을 텐트 내에 시계열 순으로 전시했다. 이들 신문기사 및 사진은 거주자에게 당시의 모습을 생각나게 하는 계기를 만드는 것이 목적이며, 기사 및 사진을 계기로 알아낸 것을 카드로 만들어 추가 전시하고 개인이 촬영한 사진 등을 제공받는 경우에도 그것을 전시했다. 이렇게 신문기사 및 사진, 다른 사람의 코멘트를 계기로 그 당시를 떠올리게 하고 관련된 코멘트를 축적해 감으로써 2년간의 가설주택에서 일어난 사건이나 생활 노하우 등의 아카이브를 구축하고자 했다(그림 1.28).

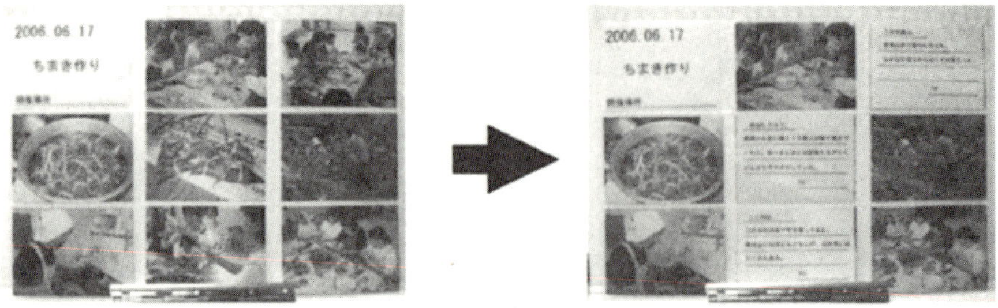

그림 1.28 '우리 가설단지 앨범'에 집적되는 가설주택에 대한 기억

■ 유대감을 찾아 가설주택을 방문하는 사람들

카페에서 인터뷰를 실시하면서 알게 된 사실은 카페를 방문하는 사람들 중에 이미 가설주택단지에서 퇴거한 사람이 다수 포함되어 있다는 것이었다. 퇴거한 사람은 크게 야마코시로 되돌아간 사람과 이것을 기회로 나가오카시가 등 주변에 사는 사람으로 둘로 나뉘어 있었다. 가설주택을 방문한 것은 주로 야마코시를 떠난 거주자였다. 이들은 퇴거 후에도 사람들 간의 유대감을 찾아 가설주택에 사는 지인의 집을 방문하고 있었다.

재개된 야마코시 진료소도 같은 예이다. 진료소를 방문하는 사람은 야마코시로 돌아온 사람뿐만 아니라 야마코시 외부로부터 일부러 찾아온 예전 주민이었다. 진료소 대기실은 이러한 사람들의 교류의 장으로서도 기능하고 있었다.

■ 가설주택 3년째를 맞이하며

본래의 계획상 2년 후 철거할 예정이었던 가설주택단지는 설치기간이 연장되어 3년째를 맞이하고 있다. 한편, 야마코시의 퇴거 권고도 잇달아 해제되어 신생 야마코시도 서서히 활기를 되찾아가고 있다. 가설주택에 남은 사람들의 거주환경을 어떻게 지원할까? 가설주택, 야마코시무라, 그 이외의 마을, 이렇게 셋으로 나뉜 사람들의 유대관계를 어떻게 연결할까? 우리는 미력하나마 계속해서 지원하고 싶다.

또 2007년 7월 16일, 츄에츠 지진의 피해지역과 매우 가까운 카시와자키 柏崎를 진원으로 한 츄에츠오키 中越沖 지진이 발생해, 카시와자키시를 중심으로 44개 단지 1,222개 주호의 가설주택이 건설되었다. 현재 우리는 지금까지 축적해 온 가설주택의 노하우를 이들 가설주택에 제공하는 것도 계획하고 있으며, 보다 세련된 노하우의 제공과 그 피드백 방법을 모색하고 있다.

지원형 조사의 향후 과제

본 연구는 조사와 병행하여 거주환경 개선을 지원한다는 점에 특징이 있으며 '가설 de 가설카페' 및 '정보교류형 조사'를 함께 진행했다. 이 조사수법의 향후 과제는 다음과 같다.

- 정보교류형 조사는 지원과 조사를 실시간으로 할 수 있는 반면, 잘못된 정보(위법 개조방법 및 위험한 개조방법 등)를 제공 유포할 우려가 있다. 얻은 노하우를 그대로 정보로서 제3자에게 제공해도 되는지에 대해 판단하는 장치를 조사 프로세스에 포함시킬 필요가 있으며, 조사 실시자에게는 충분한 지식이 요구된다.
- 조사 피드백이 지원으로 확실하게 이어지지 않는다면 지원은 단지 조사의 면죄부로서밖에 기능하지 못할 것이다. 조사와 지원 사이에 충분한 시간차가 보증되지 않는 상황에서 조사가 제대로 피드백될 수 있도록 지원수단을 구축해야 할 것이다.

이와사 아키히코(岩佐明彦)

본 연구는 주택총합연구재단의 조성연구 '수해 · 지진피해 가설주택의 거주환경지원에 관한 연구[岩佐明彦(主査), 新海俊一(長岡造形大学), 篠崎正彦(東洋大学(当時, 昭和女子短期), 小林健一(国立保険医療科学院), 安武敦子(駒沢女子大学(当時, 東京理科大学)]'의 일환으로 행해짐.

'가설 de 가설카페' 홈페이지 : http://iwasa-lab.sakura.ne.jp/OPN/

3

내가 만드는 마을

– 간기 雁木 만들기 (니가타현 新潟県 나가오카시 長岡市 토치오 栃尾)

주민이 참가하는 마치즈쿠리(마을 만들기)에는 그린투어리즘과 관련한 산촌 마을재생 마치즈쿠리, 지역의 자연 · 생활환경을 보호 · 유지하기 위한 마치즈쿠리, 지역 문화 및 경관을 지키기 위한 마치즈쿠리, 예술의 장을 마을 · 지역 단체로 넓히는 활동, 마을의 전통 및 환경을 활용해 중심시가지 활성을 도모하는 마치즈쿠리, 지역에서 고령자 개호를 지원하는 마치즈쿠리, 아이들의 놀이환경을 정비하는 마치즈쿠리 등 여러 가지 시도가 있다. 이들 중에는 주민이 자발적으로 시작한 것도 있는가 하면 자치단체가 마치즈쿠리 계획을 시작한 것 등 그 출발의 형태도 다양하다. 현재 마치즈쿠리 활동을 지원하는 NPO도 많이 생기고 있으며 마치즈쿠리 워크숍 및 계획안 작성이 진행되고 있다.

그러나 주민들의 기대에 부응하여 환경을 유지하고 변화시켜 가기 위해서는 더욱 많은 어려움과 과제를 극복하지 않으면 안 된다. 마치즈쿠리가 다른 계획의 전제로 되어 있다거나 주민이 참가하는 워크숍 활동 자체를 마치즈쿠리 성과라고 생각한다면, 마치즈쿠리 계획 및 아이디어가 구체적인 실시로 이어지고 있다고 볼 수도 있다. 물론 주민들 간에 마치즈쿠리에 대한 목표 및 가치관이 달라 전혀 진행되지 않는 경우도 있으며, 계획은 되었지만 실현에 큰 제약이 있는 경우도 있다.

이러한 상황 가운데 거주환경을 자력으로 바꿔가는 마치즈쿠리 활동이 몇몇 나타나기 시작했다. 그 중 하나가 건축으로부터 마치즈쿠리로 이어진 사례로 니가타현 新潟県 나가오카시長岡市 토치오지구 栃尾地区 오모테마치 表町(그림 1.29)의 간기 雁木 만들기이다. 1997년 시작되어 10년 이상 활동이 지속되고 있는 이 마치즈쿠리는 주민과 니가타대학新潟大学 공학부 학생들의 협력으로 진행되고 있다. 실제로 마을 주민과 대학생의 손으로 환경을 바꿔 나가며 실천적으로 환경을 조성해 가는 가운데, 지금까지의 워크숍에서는 생각하지 못했던 새로운 아이디어를 지속적으로 창출해내고 있다.

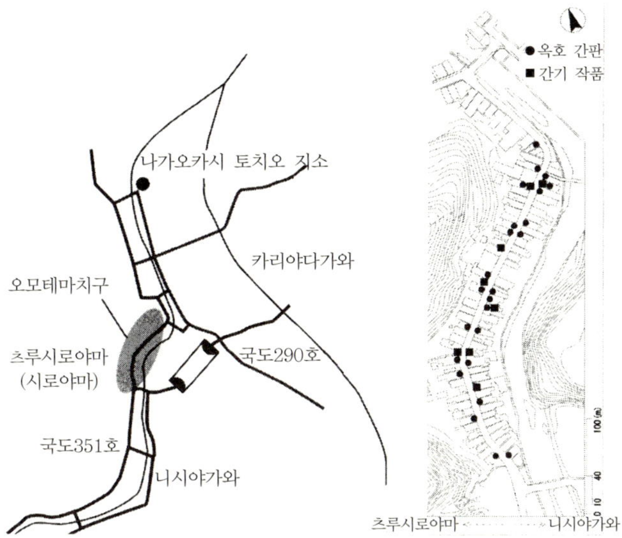

그림 1.29 니가타현 나가오카시 토치오 · 오모테마치

■ 마치즈쿠리의 시작과 그 특징

1997년부터 니가타현 나가오카시 토치오에서 시작된 이 마치즈쿠리는 간기雁木라고 하는 건물 밖으로 뻗어 나와 있는 차양을 개축하는 활동이다. 간기는 니가타 등 적설지역에 있는 전통적인 차양으로 보행자가 비나 눈이 올 때 우산을 쓰지 않고도 걸어 다닐 수 있도록 만들어진 중요한 생활보도이다. 중심시가지 길 양측에 만들어져 있는 이 간기는 니가타현 내에서도 츠가와津川에서는 톰보라고 불리기도 하고 아키다현秋田県에서는 도로와의 경계를 유리로 구획하여 코미세라고 부르기도 하며, 각 지역에서 특징적인 경관을 만들어 내고 있다.

니가타현 新潟県 츄에츠 中越의 산간부에 있는 나가오카시 토치오 지구는 1960~70년대까지 화학섬유산업으로 번창했던 마을이다. 그 당시의 활기가 남아있는 듯 현재에도 마치야 町家(역주 : 마치야는 상인 및 장인의 생활공간이자 일터로서, 주거와 점포가 하나의 건물에 있는 형태이다)가 죽 늘어서 있으며 느티나무로 만들어진 큰 기둥과 보가 특징적인 거리를 만들고 있다. 그 중에서 오모테마치는 말 시장이 있었기 때문에 근처에 사는 말 흥정꾼이나 농민들이 모여들어 필요한 것을 사들이는 장인들의 마을이었다. 도로의 양 측면에 늘어서 있는 간기는 각각의 건물에서 자신의 부지 일부를 지역에 개방하여 자신들의 자금으로 지속적으로 만들어온 것이다. 마치야 앞에 간기를 만들어 그곳을 보행공간으로 한다는 전통은 강설이 심한 니가타 지역만의 수법이다. 그러나 중심시가지의 경제력이 약해지면서 마치야가 장사를 그만두고 가게의 일부를 주차장 용도로 사용하는 일이 많아져 그곳에 있던 간기의 몇몇이 철거되고 있다. 또한 주민이 고령이 되어 파손된 간기를 보수할 수 없어 썩게 내버려 둔 것도 눈에 띄었다. 그로 인해 본래 길게 이어져 있던 간기 공간이 이가 빠진 것처럼 중간 중간 그 일부가 끊어져 있었다. 오모테마치에서도 간기의 일부가 이미 없어져 간기 거리라고 불렸던 모습이 사라지려 하고 있다.

1996년 '오모테마치에 과거의 기억과 현재의 느낌을 남기고 싶다'고 말한 오모테마치구 表町区 오오타케 키요시 大竹清 구청장을 중심으로 하여, 오모테마치 주민과 니가타대학은 계획 제안만으로 끝나는 마치즈쿠리 워크숍에서 탈피해 새로운 전개를 모색했다. 조금씩 진행하기, 예산 들이지 않기, 학생과 마을 사람들이 서로 협력하기, 고장의 자연 소재 사용하기, 손기술 살리기, 100년간 지속되는 것 만들기, 지속가능한 활동으로 하기, 지역 장인(목수 · 건축가 · 건축사무소 · 건설회사 · 삼림조합 · 청년상공회의소 사람들)의 협조 구하기를 기본방침으로 하여 이 마치즈쿠리를 시작했다.

그 후 나가오카조형대학 長岡造形大学(요코야마 히로시 横山浩 교수), 현립 니가타공업고등학교 県立新潟工業高等学校(스가누마 미유키 菅沼幸 · 야마다 마사야스 山田雅康 교사)를 비롯한 여러 대학이 참가하여 지속적인 활동을 전개하고 있다. 주민과 대학이 오모테마치 간기 만들기의 계획 및 디자인에서 건설에 이르기까지 일관하여 담당하고, 실제로 100년 후 모습을 목표로 하는 이 마치즈쿠리 활동은 다른 마치즈쿠리에서는 볼 수 없는 특징을 갖고 있다.

1997년, 뒷산의 사방댐공사를 위해 벌채된 콘피라 신사 金毘羅神社 경내의 고신보쿠 ご神木(삼나무)를 옥호 屋号(역주 : 일문일가의 특징을 토대로 집에 붙여진 칭호)의 간판으로 활용하자고 하는 프로젝트가 그 기점이 되었다. 200년 이상의 수령을 갖는 견고한 삼나무가 벌채되어, 제지회사에 팁으로 팔리기 직전에 제출한 제안이 이 프로젝트를 가능하게 했다. 1998년 5월, 학생과 주민이 12팀을 만들어 각 집의 옥호 간판을 디자인했다. 이 디자인에 따라 주민이 제재소를 빌려 고신보쿠를 필요한 크기로 가지런히 자르고 학생들이 간판을 제작했다. 2년간의 활동 결과, 총 24개의 간판을 제작했으며 이는 지금도 오모테마치의 경관 중 하나로 남아있다.

2000년부터는 오모테마치의 간기 거리에서 비어 있는 간기를 재생하는 프로젝트가 시작되었다. 우선 도로를 가로지르는 강의 상류지역 및 공유지에 있는 오모테마치구 소유의 간기를 개축하기 시작했다. 이것이 주민과 학생이 협력하여 자력으로 간기를 조금씩 건설해 가며 오모테마치의 전체 환경을 보전 · 창조해가는 간기 만들기의 시작이었다.

간기 만들기 개요

이 활동은 니가타대학 공학부 건축학과 3학년을 대상으로 한 건축계획연습(니시무라 신야 西村伸也 교수 · 이와사 아키히코 岩佐明彦 부교수)의 일환으로 이루어졌다. 매년 4월부터 7월까지 주 1.5시간 2단위의 수업이지만 실제로는 간기의 건설 · 완성에 반 년 이상이 걸리기 때문에 건설이 완료되는 것은 이듬해 봄이 된다. 참가하는 학과 3학년은 간기를 만드는 과정에서 개념의 입안, 주민과의 검토 및 대응, 디자인 생성, 공간 디자인, 프레젠테이션, 재료 선정, 디테일 검토, 건설작업 전체를 경험하게 된다. 이러한 경험은 실제로 만들 때에만 나타나는 까다로운 조건설정이나 디자인 검토의 엄격한 진행방법, 사용하는 사람들의 안전 및 마을 전체의 경관에 대한 책임을 배우는 좋은 기회가 되고 있다.

전국적으로 학생이 마치즈쿠리에 참가하는 사례는 증가하고 있지만 계획안의 제시로 끝나거나 가설 조형물을 일정기간만 설치하는 것에 그치는 경우가 많다. 이 마치즈쿠리 활동은 주민과 학생이 계획입안 · 디자인 · 제작을 일관해서 진행하고 마을에 남아 있는 실제 환경을 10년 이상에 걸쳐 지속적으로 만들어 내고 있다는 점에서 크게 다르다. 이러한 실천적인 마치즈쿠리에서 새롭게 양성되고 있는 대학과 지역과의 관계는 향후 마치즈쿠리 활동의 바람직한 모습 중의 하나라고 생각된다[19,20].

2000년도부터 시작된 간기 만들기 활동은 부지 및 간기의 상황에 따라 매년 같지는 않지만 대략적인 개요는 다음과 같다.

1) 마치즈쿠리의 개시 : 4월

4월 수업에서 마치즈쿠리의 과제 · 목적 · 경위에 대한 설명이 2회에 걸쳐 대학에서 행해진다. 먼저 이 활동을 시작한 3명(오오타케 키요시 大竹清 전구청장, 사노 타케시 佐野豪 과장, 니시무라 신야 西村伸也 교수)이 마치즈쿠리에 대한 생각과 간기 만들기의 경위를 설명한 후, 환경을 주민과 함께 바꿔간다고 하는 마치즈쿠리의 입지에 대해 학생과 의견교환을 실시한다. 그 다음, 토치오시 오모테마치 구청장 · 주민 · 토치오시 건설과가 오모테마치에서 이루어지고 있는 간기 만들기의 개요 및 전년도에 건설된 간기의 특징 및 문제점, 주민에 의한 계획안 평가에 대해 설명한다. 그리고 토치오 지구의 도시계획 개요 및 오모테마치를 중심으로 한 마치즈쿠리의 현상과 기본방향에 대한 설명을 덧붙이고, 학생과 오모테마치 주민이 함께 마치즈쿠리 활동에 대해 의논한다.

2) 주민과의 팀 편성 : 5월

오모테마치 表町 아키바 신사 秋葉神社에 주민과 학생이 모여 오모테마치구 부인회에서 준비한 오니기리(역주 : 주먹밥)와 특산물인 '아부라게(역주 : 보통은 '아부라아게'라고 부르지만 토치오의 특산물인 아부라아게는 특별히 '아부라게'라고 불린다)(유부)'로 함께 점심식사를 하는 것으로 오모테마치에서의 1년이 시작된다. 주민과 학생이 서로 자기소개를 하고 간기 만들기를 위한 팀을 편성한다. 그리고 나서 다함께 오모테마치를 걸으며 주민으로부터 간기 및 상가에 대한 설명이나 만들어져 있는 간기의 검토 상태에 대해 이야기를 듣는다(그림 1.30).

이 시기에는 전년도까지 건설된 간기를 학생들이 청소하게 된다. 선배들이 만들어 온 간기를 청소하면서 단시간에 재료의 모양 및 크기, 기와 및 돌 등 재료의 사용방법 · 특징을 관찰하는 것이 목적이다. 또한 오모테마치에 남아 있는 마치야 공간을 조사하고 간기 건설을 위한 부지의 상세한 실측조사를 2회에 나누어 실시해 디자인할 간기의 크기, 배치조건 등을 주민과 학생이 서로 의논한다.

그림 1.30　마치즈쿠리의 개시(5월)
오모테마치에서의 간기 청소(좌) 및 주민과의 점심식사(우)

3) 계획부지(오모테마치) 조사 : 6월

간기 디자인을 검토하기 위해 학생이 팀별로 주민을 둘러싸고 적설량이 많은 동계 생활방식과 간기에 대해 이야기 듣는다. 마치야에서의 특징적인 생활방식, 간기에서의 생활, 눈이 내리는 계절의 모습, 눈 쓸어내리기와 유설구 流雪溝 등 오모테마치의 생활, 간기 및 마치야에 대한 주민의식과 전망에 대해 생각해 보고, 앞으로 검토해야 할 간기의 계획내용을 학생과 주민이 함께 의논한다. 또한 부지의 조사를 거듭 실시해 계획부지의 카진 家人(역주: 일본 역사상 신분이 높은 자 밑에 있던 가신 家臣이나 종을 가리키는 말)으로부터 건설될 간기에 대한 요구사항을 듣고 부지가 갖고 있는 법적인 조건과 지켜야 할 요건에 대해 정리한다. 특히 눈 처리 및 부지에 인접해 있는 건물을 고려해

그림 1.31 계획부지(오모테마치) 조사(6월)

간기의 높이 및 위치 · 지붕 구배의 상세조건을 설정한다(그림 1.31).

4) 계획안 검토 : 7월

주민과 학생으로 이루어진 팀이 검토하고 있는 계획안에 대해 주민들 앞에서 중간발표를 실시한다. 팀별 계획안에 대한 가능성 및 문제점을 모든 학생과 주민이 공유하고 계획내용의 질을 높이기 위해 주민과 목수, 건축가, 구조설계자, 시공회사 등의 전문가로부터 조언을 구하는 활발한 질의응답 시간을 갖는다. 간기의 눈을 손쉽게 쓸어내리기 위한 지붕형상, 눈을 쓸어내리는 방향, 지붕의 재질, 간기의 구조적인 강성剛性 검토, 밤에 조명을 비추는 방법, 집성재의 사용방법, 기초부분 디자인 등 폭넓은 검토가 이루어진다. 학생들은 이 중간발표에서 들은 검토내용을 수용하여 9월에 있을 최종 프레젠테이션을 위해 간기 디자인을 진행하게 된다(그림 1.32).

그림 1.32 주민과의 간기 디자인 검토(6~7월)

5) 디자인 공모전 : 9월

학생들이 주민과 함께 만들어 온 간기 디자인을 모형과 패널을 사용하여 오모테마치 주민들 앞에서 프레젠테이션을 실시한다. 이 디자인 공모전은 주민들이 가능한 많이 참가할 수 있도록 토요일, 일요일의 휴일에 행해진다. 공모전 후, 제출된 모형과 패널은 오모테마치 집회소에서 공개되며 주민의 선택에 맡겨진다. 모든 주민들에게 한 표씩 부여되는 주민투표를 통해 주민들이 가장 좋다고 생각하는 제안이 선택된다. 이 투표결과는 학생 평가로도 활용된다(그림 1.33).

그림 1.33 간기 디자인 공모전(9월)

6) 실시설계와 건설내용 검토 : 10월

주민들이 가장 우수하다고 선정한 간기 안은 건설을 위한 실시설계로 이어진다. 구조설계사무소, 건축설계사무소, 목수, 시공회사 등의 전문가가 학생 · 주민과 함께 실시설계단계를 체크 · 검토한다. 목조 디테일의 검토, 재료의 선택, 간기 디자인의 개선, 시공에 맞는 재료의 크기 및 위치 등 문제에 대한 대응, 구조설계의 확인과 보강 등의 필요, 인접한 주호 및 부지와의 관계에서 요구되는 변경사항 등 계획안에 많은 수정과 변경이 반복된다. 예를 들면, 초기 계획에서는 인접한 주호의 창에 지붕이 걸리게 되어 창문에 걸린 지붕의 일부를 내려 그 아래에 벤치를 설치한다고 하는 계획변경이나 뒤편 주차장에서 보이는 전망을 확보하기 위해 벽면을 삭감하는 등 몇 가지 큰 설계변경이 있을 수 있으며, 이러한 과정에서 계획단계의 간기가 실제로 건설 가능하게 된다(그림 1.34).

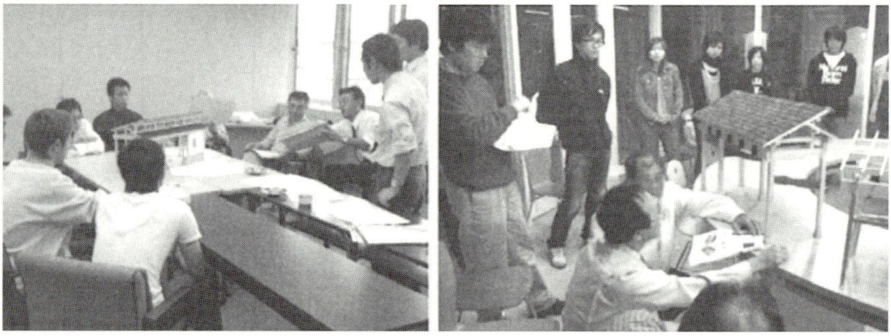

그림 1.34 실시설계의 검토 (10월)

7) 간기의 건설 : 11~2월

지역의 목수 · 건설회사 · 제재소 · 삼림업협동조합으로부터 협력을 받아 시공이 시작된다. 고장의 삼나무재를 사용하고 있기 때문에 관련 제재업자의 협력은 재료비의 절약에 불가결하다. 오모테마치에 눈이 내리는 12월 중순까지는 지붕에 기와를 올릴 수 있도록 건설 스케줄이 짜여진다. 이 건설에는 학생 · 주민과 더불어 지역의 목수 · 건축사무소 · 건축가가 봉사활동으로 참가하고 있다. 쌓인 눈이 녹는 3월 중순부터 공사가 재개되어 보도면의 시공이 시작되고 이듬해 4~5월에 완료된다(그림 1.35).

그림 1.35 간기의 건설(11~12월)

■ 마치즈쿠리를 지속시키는 방안

주민과 학생의 협조로 진행되어 온 오모테마치의 간기 만들기는 10년에 걸친 활동기간 중에 시, 마치(동), 무라(읍)의 병합 등 지역 변화와 많은 과제에 직면해 왔다. 그 때마다 주민과의 협의를 통해 극복해가며 그 운영 및 진행 방법에 대한 계획을 새롭게 구상하고 있다.

1) 주민의 의사결정을 주축으로

마치즈쿠리는 주민들의 의논을 통해 그 시작을 결정하는 것에서부터 출발한다. 구區에 설치된 마치즈쿠리 협의회에서 3월부터 4월에 부지의 선정 및 대학과의 협력 개시가 검토되어 마치즈쿠리의 개시가 결정된다. 대학 측은 이에 대한 결정을 기다리고, 그 결정에 따라 마치즈쿠리를 시작한다고 하는 프로세스가 정해져 있다. 그리고 최종 건설안을 선정하는 주민투표가 실시된다. 주민에 의한 투표로 실시안이 선택되고 그 득표수가 학생의 성적이 된다. 이는 주민에 의한 의사결정이 가장 우선시 된다는 마치즈쿠리의 기본자세이다. 대학 및 자치단체의 주도로 이루어지는 마치즈쿠리는 때때로 그 중심이어야 할 주민의 의사에 적절히 대응하지 못하는 경우가 있다. 그러한 상황을 피하기 위해 주민 중심의 마치즈쿠리를 실시함으로써 마치즈쿠리의 지속력을 얻고자 하고 있다. 물론 몇 가지 해결해야 할 과제도 있다. 이 마치즈쿠리가 항상 매년 4월에 시작되는 것은 아니기 때문에 갑자기 활동을 할 수 없게 되는 경우에 대비해 수업계획을 고려해야 한다. 주민들이 선택한 최우수 안은 강한 지향성을 갖는 것이지만 주민들 간에 의견이 나뉘기도 하고 인근 건물과의 관계에 문제가 있는 경우도 있다. 이러한 문제에 대해서는 보다 많은 사람들이 마치즈쿠리에 참가하게 함으로써 그 해결책과 대응책을 모색하고 있다. 또한 전문가의 지식과 견해가 과제 해결에 대한 밸런스를 유지시키는 데 도움을 주고 있다. 실제로 지역의 건축가, 목수, 삼림조합, 제재소, 건축사무소, 국가 · 현 · 시 직원 등 많은 전문가들이 학생과 주민의 활동에 참가하고 있다.

또한 간기의 디자인 · 건설단계에서도 학생들끼리 만드는 것이 아니라 학생과 주민이 하나의 팀을 이루어 활동한다는 점도 이 마치즈쿠리의 특징이라 할 수 있다. 학생과 주민이 간기 디자인이나 건설에서 각각의 역할을 주체적으로 담당하는 것은 주민과 학생의 협력과 마치즈쿠리의 자립을 위한 힘이 되고 있다.

지역사람들이 이러한 마치즈쿠리에 대해 제대로 인식하는 것도 중요한 문제이다. 오모테마치에서 학생과 주민이 실제로 조사를 실시하거나 부지의 실측 및 건설을 한다고 하는 실천 형태가 가장 중요한 정보원이다. 또 마치즈쿠리의 내용을 상세하게 전달해 주는 신문기사는 니가타현 전체에 마치즈쿠리 활동을 알리는 것은 물론, 직접 참가하고 있는 지역주민들에게도 활동에 대한 상세한 내용을 알리는 데 기여하고 있다. 활동에 대해 전달하는 지역 보도기관의 기사는 나아가 학생들의 지속적인 동기부여에 큰 도움을 주고 있다.

2) 간기의 계획과 디자인 질의 확보

건설되는 간기는 오모테마치의 경관을 만들어 내는 중요한 요소 중 하나이다. 오모테마치에 길게 이어져 있는 간기는 각 마치야에서의 일이나 장사에 맞도록 만들어져 왔기 때문에 하나하나 높이 · 크기 · 모양 등이 제각기 다르다. 이러한 간기의 다양성을 유지하기 위해 간기를 1년에 1동씩 천천히 만든다고 하는 방법을 채택하고 있다. 한 번에 많은 비슷한 형태의 간기를 만드는 것이 아니라, 1년간의 활동에 대한 기억을 하나하나의 간기 안에 넣어 가는 것이 주민과 학생과의 협력 프로세스이다.

결과적으로 디자인 기준 및 디자인 코드를 만드는 기존의 방법에 의하지 않고 손으로 직접 만들기 때문에 모양도 개성도 각기 다른 간기가 만들어지게 된다. 그러나 다음과 같은 최소한의 규칙이 정해져 있다. ① 지역의 재료와 기술을 사용할 것. 목재로 만드는 것을 기본으로 하고 사용되는 목재 · 기와 · 대나무 · 돌은 니가타현 산을 사용한다. 목재 및 집성재를 성형할 때에도 지역 제재소의 협조를 얻고 있으며 간기의 건설공사에 협력하고 있는 목수 · 미장이 · 건축가 · 구조설계자 등의 기술자들은 모두 지역 전문가들이다. ② 시간의 경과를 반영할 것. 오모테마치의 오래된 간기의 삼나무 색은 진한 갈색으로 변해 있다. 이와 같은 나뭇결과 색은 오모테마치를 대표하는 이미지가 되었기 때문에 이를 살리기 위한 방안으로 건설할 간기에 사용하는 나무는 환경대응을 위한 방부처리만 하는 것으로 정해져 있다. 처음에 건설된 간기는 조금씩 그 색이 짙어져 주변의 오래된 기둥 색에 가까워지게 된다.

처음부터 간기의 디자인 코드를 만들어 전체 경관의 조화를 도모하는 것이 아니라, 앞으로 발생할 수 있는 변경 가능성을 고려한 유연한 결정이다. 이러한 오모테마치의 마치즈쿠리는 디자인의 진행방법이나 만드는 방법을 규정함으로써 다양성 속에서 생활과 시간의 경과를 실현하고자 하는 경관 만들기 방법을 채택하고 있다. 오모테마치의 간기가 주민들과 지역 목수에 의해 개축 · 보수되어 유지되어 오던 이전의 방식을 학생들의 참여로 오늘날에 되살리고자 시도하고 있다.

3) 마치즈쿠리의 교육 프로그램화

이러한 간기 만들기는 니가타대학 공학부 건설학과의 특징적인 교육 프로그램 중 하나이다. 학생들이 마치즈쿠리에 참가하여 효과적으로 학습할 수 있도록 몇 가지 방안이 추가되었다. 학생의 참가의욕 · 동기부여를 위해 다른 학교(나가오카조형대학 · 니가타공업고등학교)가 참가할 수 있도록 함으로써 열려 있는 경쟁적 환경을 만들었다. 또 마치즈쿠리에 참가하고 있는 학생과 주민은 가능한 한 대등한 입장에서 발언하고 작업을 수행하며, 주민들도 알기 쉬운 의논이 될 수 있도록 제안할 간기는 모형으로 제시하도록 결정했다. 팀 간의 정보 및 과제를 공유할 수 있도록 하기 위해 7월에 중간발표를 실시하고 그 문제점 및 특징을 전원이 의논하는 장을 만들었다. 전문가로서 참가하고 있는 건축가 · 목수 · 시청 직원 등이 고문 스태프가 되어 전화와 메일로 학생과 주민이 자유롭게 상담할 수 있도록 네트워크를 만들었다.

한편, 토치오미나미초등학교 栃尾南小学校는 이러한 간기 만들기를 종합학습의 주제로 하고 있으며, 오모테마치 전 구청장인 오오타케 키요시와 니가타대학 대학원 학생들이 참가해 지역 초등학생들에게 모형을 통해 간기 만들기에 대해 소개하고 실제 활동에 대한 견학도 하도록 하고 있다. 대학과 지역이 함께 운영하고 있는 이 마치즈쿠리는 초등학생부터 고령자에 이르는 많은 사람들이 참가하는 평생교육프로그램이 되고 있다.

오모테마치의 마치즈쿠리는 간기 만들기에서 그치는 것만은 아니다. 2004년 7월 13일 니가타현 新潟県과 후쿠시마현 福島県에 걸쳐 발생한 대수해에 의해 토치오 지역도 큰 피해를 입었다. 니시타니가와 西谷川의 범람으로 오모테마치가 침수하고 많은 상가에 토사가 유입되었다. 조기복구를 필요로 했던 이 수해에서 마치즈쿠리 활동을 하고 있던 학생들이 오모테마치로 달려가 단기간에 오모테마치의 토사를 제거하는 봉사활동을 수행했다.

또한 같은 해 10월 니가타 츄에츠 지진이 발생하여 많은 주택 및 농지가 피해를 입었다. 무너진 토치오 농가의 기둥과 보를 오모테마치의 간기로 재생시키기 위해 2005 · 2006년의 간기의 재료로 당시의 기둥과 보를 사용했다.

■ 마치즈쿠리 활동의 효과와 과제

1997년부터 오늘에 이르기까지 주민과 학생들은 마치즈쿠리를 통해 많은 경험을 얻고 있다. 간기 만들기를 과제로 한 거듭된 의논과 실제 건설에 이르기까지의 1년간의 활동은 학생과 주민 모두에게 만들기에 대한 책임감과 자각을 심어주고 있다. 디자인에서 건설까지 일관하여 진행되는 이 마치즈쿠리 프로세스에 대한 경험은 지금까지의 대학 교육에서는 얻을 수 없었던 귀중한 것을 학습하는 계기가 된다. 대학에 있어서는 마치즈쿠리 운영을 통한 지역공헌, 실천 단계에서의 대학 간 제휴, 환경공생을 목표로 하는 마치즈쿠리 활동의 시행, 교원의 OJT On-the-Job Training장 등 이 마치즈쿠리는 다양한 목적을 갖는다.

그러나 문제와 과제도 적지 않다. 마치즈쿠리에 대한 주민들의 의견이 항상 일치하는 것은 아니며 다양한 생각을 지닌 사람들이 모여 있기 때문에 그 진행방법이나 참가방법에 대해서도 다양한 역할과 입장에서 의논할 필요가 있다. 대학의 입장에서 보면 마치즈쿠리의 개시가 주민들에 의해 결정되기 때문에 교육 프로그램으로서의 안정성이 부족하다는 점이 과제로 남아있다. 상황에 따라 스케줄이 크게 변한다는 점, 건설까지 1년이 걸린다는 점, 대학에서 토치오까지의 이동시간 등 여러 제약으로 인해 다른 과목들을 조정하면서 수업을 진행하고 있다. 학생들의 안전관리, 학생과 주민의 관계에 대한 배려 및 대응도 중요하다. 이러한 점에 대해서는 대학의 지원과 탄력적인 커리큘럼 운영에 의해 현재와 같은 활동 스케줄이 가능하게 되었다.

이러한 불안정한 상황이 활동 중에 항상 내재하고 있지만 주민과의 협력 속에서 해결해 나가는 것이 이 마치즈쿠리의 지속성을 유지하는 힘이 되고 있다. 그리고 주민과 대학이 오모테마치 간기 만들기로부터 얻은 결실을 스스로 인식하고 있다는 점이 이 마치즈쿠리를 지속해나가는 열쇠이기도 하다.

토치오시 오모테마치는 지금 낡은 간기 거리에 새로운 마치즈쿠리 형태를 더하고 있다. 매년 주민과 학생들이 고생해서 만들고 있는 간기 하나 하나에 소중한 시간과 추억을 새겨나가고 있다. 간기를 구경하기 위해 이 마을을 찾는 사람도 늘고 있다(그림 1.36). 이와 같이 대학과 지역의 이러한 협력 속에서 작지만 지역환경을 바꿔나가는 새로운 힘이 현실화되어 움직이기 시작

그림 1.36 오모테마치 산책을 위한 지도

하고 있다.

이 본문은 참고문헌 21)의 '주민과의 협력에 의한 간기 만들기'에 가필 수정한 것임.

니시무라 신야(西村伸也)

02

환경디자인을 위한 계획

1 업무공간에서의 인간행태와 디자인

업무공간 디자인

일반적으로 오피스 빌딩은 기둥이 없는 균질하고 넓은 내부공간으로 되어 있어 다양한 형태의 조직활동 및 구성, 그 변화에 유연하게 대처하고 있다. 그러나 업무공간의 책상 배치는 대부분 획일적인 대향도형 對向島型 레이아웃으로 되어 있다[1)].

1980년대 후반부터 IT기술의 발달과 함께 오피스는 OA화 · 인텔리전트 빌딩화 및 정보화에 대한 대응이 불가피하게 되었다. 또한 버블 붕괴 후의 불황, 시장경제의 국제화, 기업활동의 다양화, 기업 경영상의 어려움 등 여러 가지 문제점이 증가하는 가운데 퍼실리티 매니지먼트(FM) 등에 의해 경영 전략에 편입되었다.

이러한 상황에서 전 세계적으로 오피스 빌딩에 대한 혁신적인 움직임이 나타나고 있다(그림 2.1). '노동시간', '조직 · 인원배치', '일의 장 場'에 유연성 flexibility을 갖게 함으로써 사회 · 경제 변화에 대응하는 실천방안이 그것이다. 이러한 실천에는 공간 디자인상의 과제도 있다. 특히 '일의 장(워크플레이스 workplace)'에 대해서는 보통 개인전용으로 되어 있는 좌석을 공용으로 하는 프리 어드레스 free address가 요구되고 있으며, 원거리 통근자가 자택 근처에서 주에 수 일 이상 근무하는 위성 오피스 satellite office의 경우에는 장소 및 조직에 관한 심리상태와 물리적 장치와의 관계를 배려한 공간 디자인이 필요하다.

업무공간에 있어서 인간행태와 영역

장소에 대한 의식 · 행동과 물리적 공간구성과의 관계는 '영역'이라는 개념으로 설명할 수 있다. 우선 서로 다른 레이아웃에서 나타나는 행동의 차이를 통해 '영역'의 특징에 대해 살펴보고자 한다.

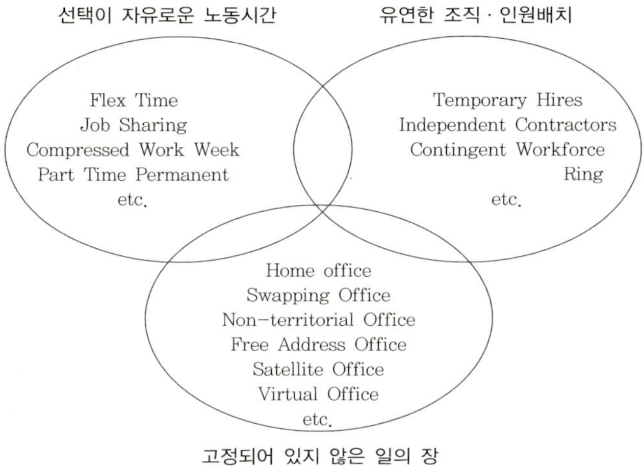

그림 2.1 오피스 빌딩의 최근 경향

1) '영역'이란

'영역'이란 원래 동물학 분야에서 '세력권'이나 '테리토리 Territory'라고 불리는 개념이다. 건축 및 환경 심리학 분야에서는 관찰과 실험을 중심으로 인간의 행동 특성을 다루는 연구[2], 그리고 공간이나 장소의 기억 및 이미지를 다루는 연구[3]가 있다. 업무공간에서 '영역'은 건물 내부의 한정된 공간이며 업무라는 특정 상황에서 일어나는 인간의 행동 및 의식을 다룬다는 점에 특징이 있다. 예를 들면, 일반 오피스에서는 자기 자리의 위치, 소속조직이 차지하는 장소의 범위, 자주 이용하는 공용공간의 배치, 조직 내에서의 자신의 지위, 대인관계, 물리적 공간구성(특히 시선이 통과하는 범위), 물리적 공간 구성상 정위 定位의 알기 쉬운 정도(자신이 어디에 있는지 알기 쉬운 정도) 등이 '영역'에 영향을 미친다.

업무자의 '영역'은 '장소의 범위'가 계층적으로 확장되고 기능 계층은 '영역성[4]의 강도 强度'로 파악된다(그림 2.2).

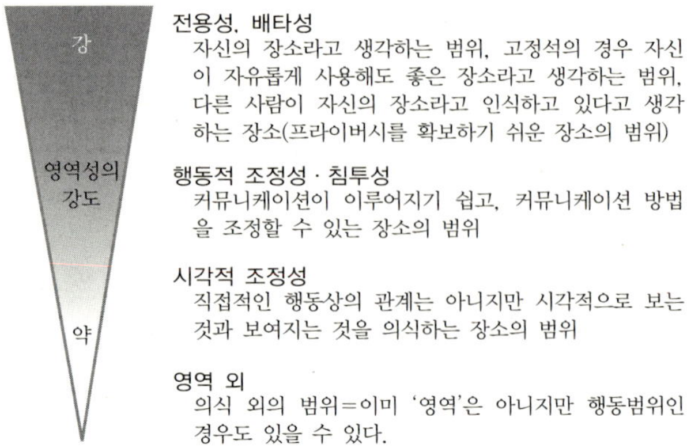

그림 2.2 영역성의 강도와 영역의 기능 및 범위

일반적인 개인 고정석 방식의 경우 '영역'은 '자기 자리'가 중심이 된다. 이 방식은 프라이버시 확보와 커뮤니케이션 제어가 용이하다. 자기 자리를 기점으로 자유롭게 사용할 수 있는 '공용공간' 및 '소속 부서가 차지하고 있는 장소'로 영역이 확장된다. '자신의', '공용의', '다른 사람의'라고 하는 장소에 대한 인식은 명확하며 책상 · 의자 · 수납가구 · OA기기 등에 의해 더욱 뚜렷해진다. 명확하게 '다른 사람의' 장소라고 해도 커뮤니케이션이나 시각적인 개방으로 인해 '영역성'이 약해지는 경우도 있다.

2) 일반업무공간에 있어서의 '영역'

우선 일반적인 대공간 방식으로서 대향도형 레이아웃으로 배치되어 있는 오피스에서의 '영역'에 대해 살펴보고자 한다. 조사사례는 설비공사의 시공관리부 오피스로서 자기 자리를 확보하고 있는 직원 수는 43명(부장 1명, 부부장 3명, 사무담당 4명, 그리고 6개 과)이다.

그림 2.3은 각 직원에게 실시한 설문조사결과로서 A과와 C과의 '자주 가는 장소', '자주 사용하는 장소'를 나타낸 것이다. 각 개인의 좌석 주변, 소속된 과의 범위, 그리고 자료의 수납장소 및 공용 회의실에서 행동범위가 나타난다. 즉, '자기 자리'를 비롯해 과의 범위 및 공용 회의실이 '영역성'이 강한 장소라고 여겨진다[5].

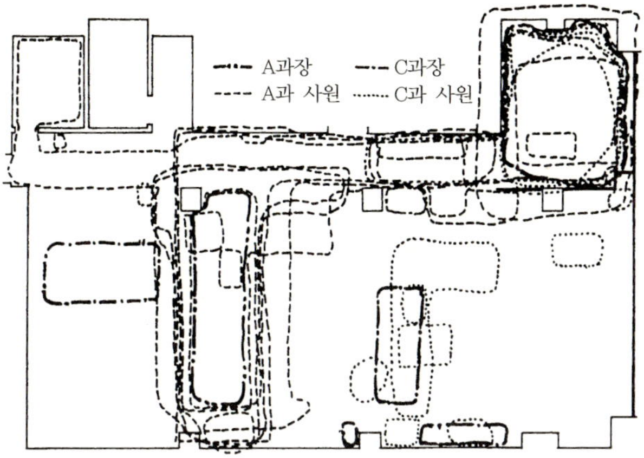

그림 2.3　A과와 C과에서 '자주 가는'·'자주 사용하는' 장소

이들 장소는 '그 사람의' 장소라고 모두가 인식하는 장소, 그 사람이 '자유롭게 사용해도 좋은' 장소, 그 사람이 '그곳에 있는 것이 당연하다' 또는 '이상하지 않다'고 여기는 장소이다. 즉 '영역'은 '자신의'라고 인식하는 장소의 범위, 다른 사람이 '그 사람의'라고 인식하는 장소의 범위를 중심으로 확장된다.

3) 로우 파티션 low partition이 '영역'에 미치는 영향

다음은 좌석 주변의 로우 파티션(패널)의 영향에 대해 살펴보고자 한다. 그림 2.4는 두 업무공간 A와 B에서 대화가 이루어졌던 장소와 그 횟수를 하루 동안 조사한 결과로서 금방 끝나는 짧은 대화와 1~2분 이상의 긴 대화 및 회의로 나누어서 표시했다. A는 보조책상이 딸린 동향식 同向式 레이아웃(60㎡ : 5.04㎡/인)이고 B는 패널(H=1,250mm)로 2명 부스를 구성하는 스태그 stag형(64㎡ : 5.82㎡/인)이다. 이들 공간은 과장 AM과 BM, 주임 A1~4와 B1~3, 계원 A5~11과 B4~10이 이용한다.

A에서의 짧은 대화는 자리 앞이나 옆에서, 책상이나 보조책상을 사이에 두고 많이 일어났으며 중앙에 있는 회의 테이블에서도 많았다. 긴 대화 및 의논은 회의 테이블과 주위의 보조책상, 자리의 옆이나 앞에서 많았다. 특히 주임 이상의 자리 주변에서는 긴 대화 및 의논이 짧은 대화에 비해 많았다.

[A의 대화장소와 횟수]

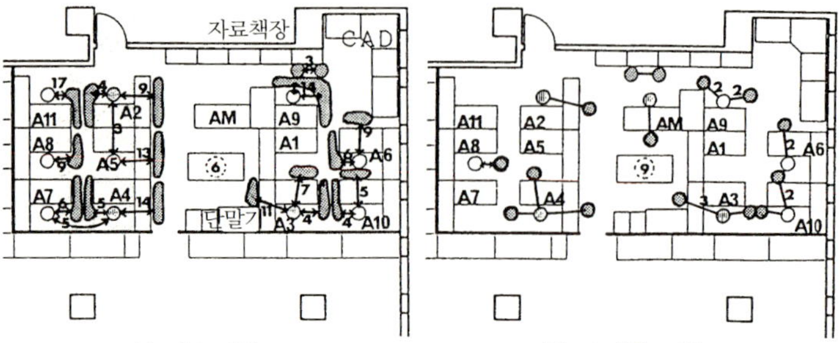

(a) 짧은 대화 (b) 긴 대화 · 의논

[B의 대화장소와 횟수]

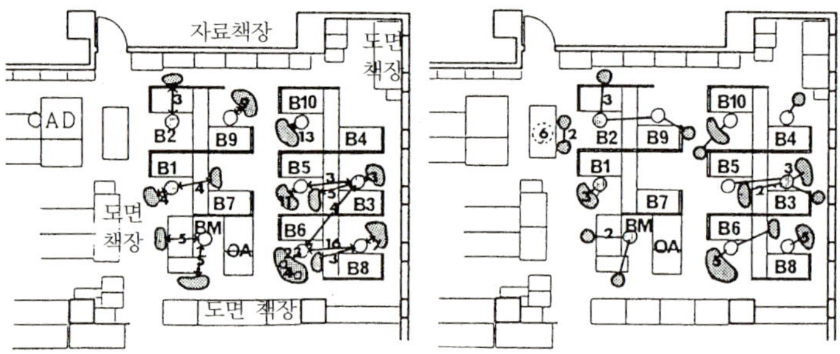

(a) 짧은 대화 (b) 긴 대화 · 의논

그림 2.4 커뮤니케이션 장소와 그 횟수

짧은 대화는 3회 이상을 표시. 책상 위에 점선으로 둘러싸인 숫자는 그 책상을 사이에 두고 일어난 커뮤니케이션 횟수

B에서의 짧은 대화는 부스 내의 자리 옆이나 뒤에서 많이 나타났다. A에 비해 책상의 옆이나 앞의 패널, 보조책상을 사이에 둔 대화는 적었다. 또한 긴 대화 및 의논은 패널에 기대서 하는 경우와 회의 테이블을 사용하는 경우가 있으며, 그 외에는 짧은 대화의 경우와 크게 다르지 않았다. 그리고 A에 비해 주임 이상의 자리 주변에서 대화가 특히 많아지는 것은 아니다.

이상과 같이 패널로 둘러싸인 B에서는 과장이나 주임의 행동범위가 넓은 반면, 개방적인 A에서는 상사보다는 사원의 행동범위가 넓다. A에서는 주임 이상의 직원이 사원을 부르는 경우가 많고 B에서는 그 반대일 가능성이 높다. 여기에서 분명한 사실은 공간구성이 직원의 행동에 영향을 미친다는 것이다. 즉, A의 경우에는 보다 활발하게 커뮤니케이션이 이루어질 수 있으며, B의 경우에는 업무에 더욱 집중할 수 있게 된다. B의 경우, 주임 이상의 직원이 커뮤니케이션을 하기 위해서는 행동상의 노력이 필요하다. 조직풍토가 관료적 bureaucratic이며 팀워크가 요구되는 조직이라면 A, 직원들의 개성을 존중한다면 B를 선택하는 것이 효과적일 것이다.

4) '영역'의 성립 프로세스

그림 2.2에서 보는 것처럼 '영역'이 장소에 대한 점유 의식뿐만 아니라 커뮤니케이션 및 프라이버시 조정기능에 영향을 미칠 수 있다는 것을 고려하면, '영역'이 '자신의' 장소뿐만 아니라 '다른 사람의 자리 주변'과 '과의 범위 전체'로 확장되는 현상과 그것이 항상 일정하지만은 않다는 사실에 대해 설명할 수 있을 것이다. 즉, '과'의 범위 내에서도 다른 사람과 '커뮤니케이션이 일어나기 쉬운 장소', '커뮤니케이션 방법을 조정할 수 있는 장소'가 '영역'이 된다. 반대로 자신과 소속조직이 차지하고 있는 장소의 범위를 중심으로 커뮤니케이션 및 프라이버시를 조정하는 행위와 그 과정에 대해 살펴본다면, '영역'의 형성 및 그 성립과정에 대해 추측할 수 있을 것이다.

① '영역'의 성립범위

어떤 외국자본계 기업의 오피스를 개수(리폼)한 후, 오피스의 전후에 대해 자신이 기억하고 있는 전체 레이아웃을 그리는 '스케치 맵'이라는 조사를 실시했다. 이 오피스는 5개 영업부(부장 1명, 부원 각 8~9명, 비서 각 3~4명)와 관리부(부장 1명, 비서 1명, 부원이 개수 전 1명, 개수 후 3명)가 이용하고 있다. H=1,600mm의 패널로 구획된 부스석을 개수(리폼)에 의해 대향식 對向式(기존의 패널 이용)으로 변경했다. 지방 거주로 월 2회 출근하는 직원은 회의실이나 부재중인 직원의 자리를 이용했었는데, 개수에 의해 전원이 자리를 확보할 수 있게 되었다.

그림 2.5는 그림으로 표현된 각 공간요소의 위치가 실제와 다른 개소,

(a) 개수 전

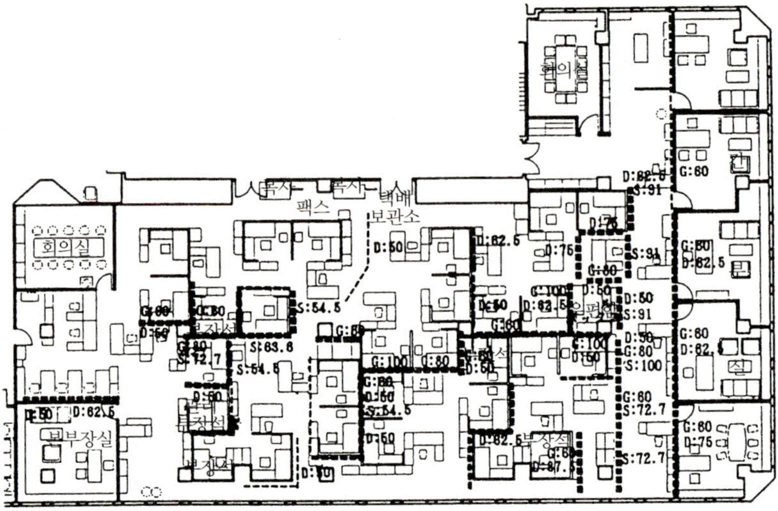

▪▪▪▪ : 30% 이상 ▬▬▬ : 25% 이상 ---- : 20% 이상
*숫자는 각 직종별로 오차율 50% 이상인 개소를 표시
G: 부장 / D: 부원 / S: 비서

(b) 개수 1개월 후

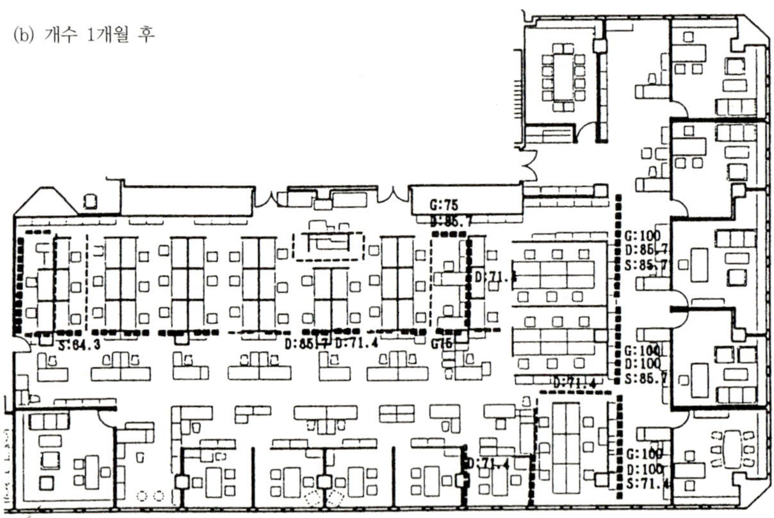

▪▪▪▪ : 30% 이상 ▬▬▬ : 25% 이상 ---- : 20% 이상
*숫자는 각 직종별로 오차율 50% 이상인 개소를 표시
G: 부장 / D: 부원 / S: 비서

(c) 개수 6개월 후

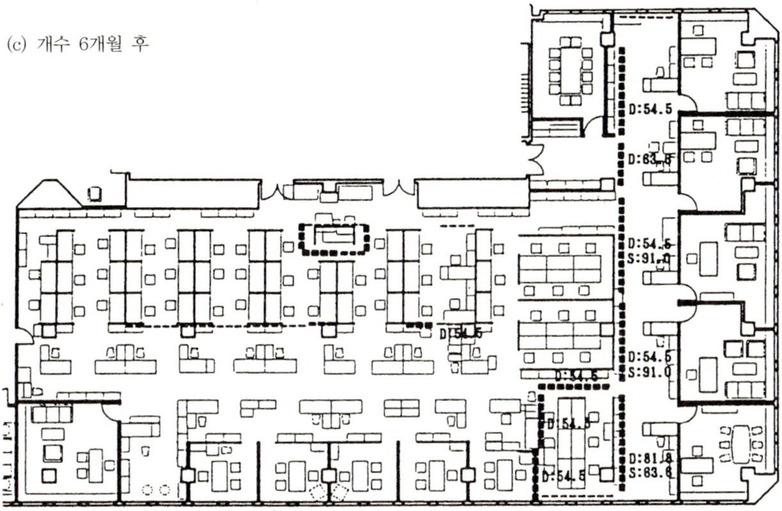

▬▬ : 30% 이상 ━━ :25% 이상 ---- :20% 이상
*숫자는 각 직종별로 오차율 50% 이상인 개소를 표시
G: 부장 / D: 부원 / S: 비서

그림 2.5 오차율의 추이

전체 오차율이 20% 이상인 개소(점선)와 직종별 오차율이 50% 이상인 개소(숫자)만을 표시

그려져 있지 않은 공간요소와 그려져 있는 공간요소와의 경계선을 집계한 후, 그것을 전체 회답자 수로 나누어 각 장소의 오차율을 표시한 것이다. 개수(리폼) 전과 후 모두 그림 우측의 간부실과 비서석 부분은 오차율이 높았으며 독립된 이미지를 갖고 있었다. 그 이외의 대공간 부분은 개수 전에는 2~3개의 비서석과 부스석이 통합된 이미지로 나타난 반면, 개수 후에는 부원 공간과 비서 및 부장 공간으로 크게 양분화되어 있었다. 또한 개수에 의해 책상이 정연하게 배치되었으며 그 결과 이미지화된 공간분절단위가 확대되고, 분절 수는 감소했다. 개수 6개월 후에는 오차율이 높은 개소가 줄어들어 전체적으로 오차율이 줄어드는 경향이 나타났다.

'영역'의 성립에는 조직상의 관계뿐만 아니라 눈높이 이상의 패널이 어디에 위치하는가가 크게 영향을 미친다는 것을 알 수 있었다. 또한 시간이 경과함에 따라 이미지화할 수 있는 공간의 범위가 커진다는 사실로부터 시간경과에 의해 영역화가 진행된다는 것을 알 수 있었다. 또한 간부실 및 비서실 부분은 개수 6개월 후에도 개수 전과 마찬가지로 독립된 공간으로 여겨지고 있는 것으로 생각된다. 즉, 간부실 및 비서실은 다른 '영역'으로 인식된다는 것을 알 수 있다.

따라서 업무내용상 관련이 있고 업무상 인적교류가 많은 조직이 오픈된 오피스의 일부를 차지하고 있는 경우, 그 집단의 범위가 개인 '영역'의 고려범위가 된다. 일반 기업의 경우에는 부와 부서의 단위가 고려범위가 될 것이다.

알렉산더 C. Alexander는 가장 효율적이고 일에 대한 만족감을 얻을 수 있는 조직형태가 되기 위해서는 5~20명으로 구성된 자주관리적 自主管理的 오피스여야 한다고 주장한다[6]. 또 사무실의 1층 분에 상당하는 이동거리를 100ft(39m)로 정하고 있다[7]. 공장의 작업집단단위를 15~20명으로 한 결과, 결근 및 전직이 줄어들었고 감독자 수를 줄여도 아무 문제가 없었다는 보고도 있다[8]. 즉, 집단 '영역' 및 개인 '영역'을 다뤄야 하는 범위는 5명의 공간에서 넓다하더라도 900㎡(30×30m) 정도로 생각할 수 있다. 오피스를 개수(리폼)할 때에는 사전에 조직 및 공간의 분절단위를 파악하고 개수범위를 정해야 할 것이다.

② 개수 改修에 의한 영역의 변화

여기에서는 각 직원이 '스케치 맵'을 그릴 때 어떠한 순서로 그렸는가를 분석함으로써 '영역'의 형성과정에 대해 알아보고자 한다[9].

연속해서 그려져 있으며 공간적으로 주위와 연속되는 요소, 그리고 주위의 요소를 계기로 부각되는 요소를 통해 '영역'에 포함되는 '장소의 의미'를 해석해 본 결과, 물리적 공간요소 및 사용되는 방식으로부터 다음과 같은 내용을 파악할 수 있었다.

- 자기자리, 조직상 해당 부서의 범위
- 역할별(부장, 부원, 비서) 범위
- 자주 이야기 하는 상대의 자리와 그 주변
- 자주 가는 장소와 자주 이용하는 장소

• 각 장소로부터 시야에 들어오는 범위

'장소의 의미'라는 측면에서 '영역'을 직종별로 분류 · 평가해보면(그림 2.6), '자기자리 주변'을 기점으로 영역화가 확장되어 간다는 것을 알 수 있다. 개수 전에는 부스형의 영향으로 인해 부장 및 부원의 경우 '다른 부서의 부장과 그 주변'과 '자기 부서의 부원과 그 주변'을 '영역'으로 하고 있으며 전자의 영역화가 먼저 이루어진다. 비서의 영역은 '비서 상호간', '비서와 인접한 부원', '이용통로'의 순서로 확장된다.

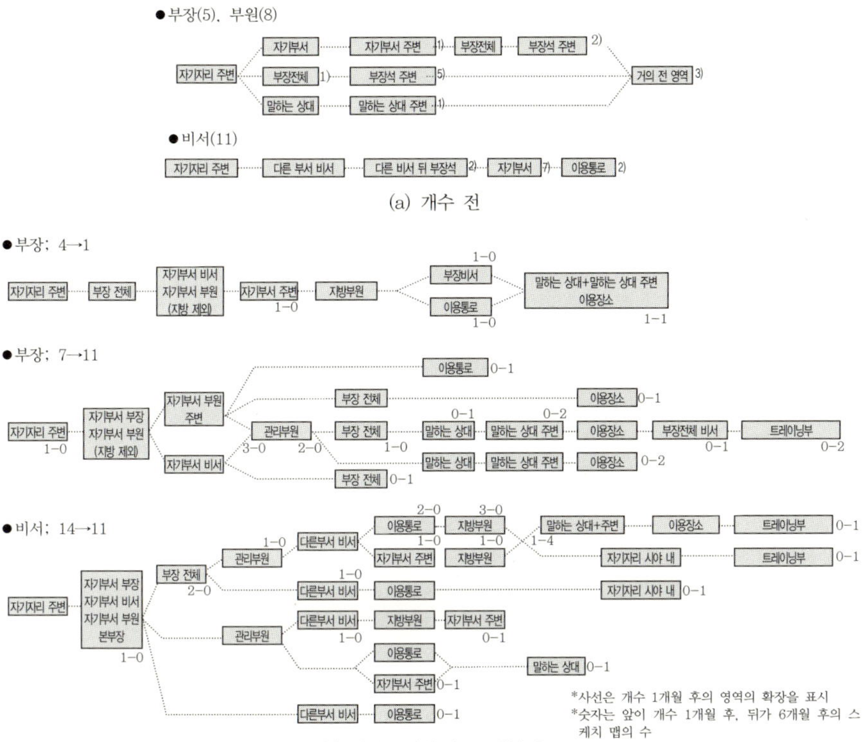

그림 2.6 '영역'의 확장방식과 스케치 맵의 수

숫자는 좌측의 자기자리 주변에서 그 장소까지 대응하는 '장소의 범위'를 '영역'으로 하는 스케치 맵의 수 즉, 부 단위의 배치가 아니기 때문에 재석률在席率이 높고 눈에 띄기 쉬운 부장과 비서가 먼저 영역화된다는 사실을 알 수 있다. 개수 1개월 후[(b)의 사선부분]를 보면, 부장은 '부장 상호간', '자기 부서의 부원석'을 '영역'으로 하고 있으며, 부원은 '부장석'보다는 '자기 부서의 부원과 그 주변'을 '영역'으로 하고 있다. 즉, 실이 개별화되어 있고 눈에 띄기 어려워진 부장석보다는 물리적으로 정리되어 있는 부원석이 영역화되기 쉽다. 비서의 영역은 '자기 부서의 부원'에서 시작하여 재석률이 높은 '비서 상호' 및 '관리부 부원의 자리', 나아가 '자기 부서의 부원 주변', '이용통로 주변'으로 확장된다.

개수(리폼) 6개월 후, 부장의 경우 부장석이 개실로 되어 있어 주위를 볼 수 없으며 행동범위가 좁기 때문에 '영역'이 확장되지 않았다. 부원의 '영역'은 다양하며 개수 전과 마찬가지로 '자주 이야기하는 사람의 주변' 및 '부장의 비서석'으로 확장되었다. 그러나 동일한 패턴의 반복으로 조망이 불가능한 부원석의 공간구성은 위치를 특정하기 어렵기 때문에 '영역'이 확장되지 않았다. 비서는 '이용통로', '자주 이야기하는 사람의 주변', '트레이닝부', '자기 자리에서 시야 내에 들어오는 부원석'으로 영역이 확장된다. 비서는 재석률이 높아 행동범위에서 시야에 들어오는 장소도 잘 기억할 수 있기 때문에 영역화된다고 사료된다.

이상을 정리하면, '영역'의 성립요인은 다음과 같다.

- 물리적 공간구성상 정위定位를 알기 쉬운 정도
- 업무(조직)상 유대관계가 있는 사람의 위치
- 업무 및 조직에 관계없이 '자주 이야기하는 사람'의 위치
- 회의공간, 복사 등 자주 이용하는 장소의 위치
- 다른 사람의 재석률在席率
- 시야에 들어오는 빈도

'시야에 들어오는 빈도'는 재석률과 관련이 있다. 재석률이 높은 경우, 시야에 들어오는 범위 내에서 다른 사람과 서로 시각적 프라이버시를 조정할 필요가 있다. 즉, 그림 2.2의 '시각적 프라이버시'를 조정하는 기능을 생각해볼 수 있다.

■ 프리 어드레스 오피스 free address office에서의 인간행태와 영역

개인의 행동이 조직이나 자기 자리에 규정되어 있지 않은 프리 어드레스의 경우, 개인 '영역'의 특성이 뚜렷이 나타난다. 여기에서는 프리 어드레스 오피스에 나타나는 '영역'의 형태와 그 성립요인에 대해 알아보고 개인고정석 방식과 비교해 가며 '영역'의 기능을 검토하고자 한다[10].

1) 프리 어드레스 오피스에서의 인간행태

그림 2.7은 업무시간 중에 프리 어드레스 오피스(부장 1명, 4그룹 18명, 사무담당 2명, 총 21명)를 일주일간 10분 간격으로 인터벌 촬영 후 플로트한 것으로, 전원의 위치를 표시한 것이다. 선택된 자리를 보면 프록세믹스

그림 2.7 조사기간 중 업무자 전원의 존재위치

O: 오픈석, C: 칸막이로 구획되어 있는 클로즈석, 기호 없음: 사무담당자 고정석

proxemics, 퍼스널스페이스 이론에서 말하는 편중이 나타난다. 즉, 오픈석의 경우는 끝자리 4석이 자주 사용되고 있었으며 2석이 나란히 배치되어 있는 클로즈석은 2석 중 1석만이 자주 사용되는 경향을 보였다. 이는 자신과 다른 사람의 프라이버시를 지키고 서로의 간섭을 피하기 위해 가능한 한 거리를 유지하려고 하는 인간의 성향을 보여준다.

개인의 선택을 분석해 보면 다음의 4가지 유형으로 분류할 수 있다(그림 2.8). 오픈석에 행동이 집중하는 오픈집중형(a), 클로즈석에 집중하는 클로즈집중형(b), 오픈석과 클로즈석을 동일한 정도로 이용하는 OC균등이용형(c), 클로즈석을 자주 이용하는 클로즈 편중이용형(d)이다.

재석률在席率이 낮은 사람은 집중형인 경우가 많고 재석률이 높은 사람은 오픈석과 클로즈석을 모두 이용하는 경향이 있으나 좌석선택이 개인의 작업내용과 서로 연관성이 있다고 보기는 어렵다. 즉, 업무내용이 같은 그룹 내에서

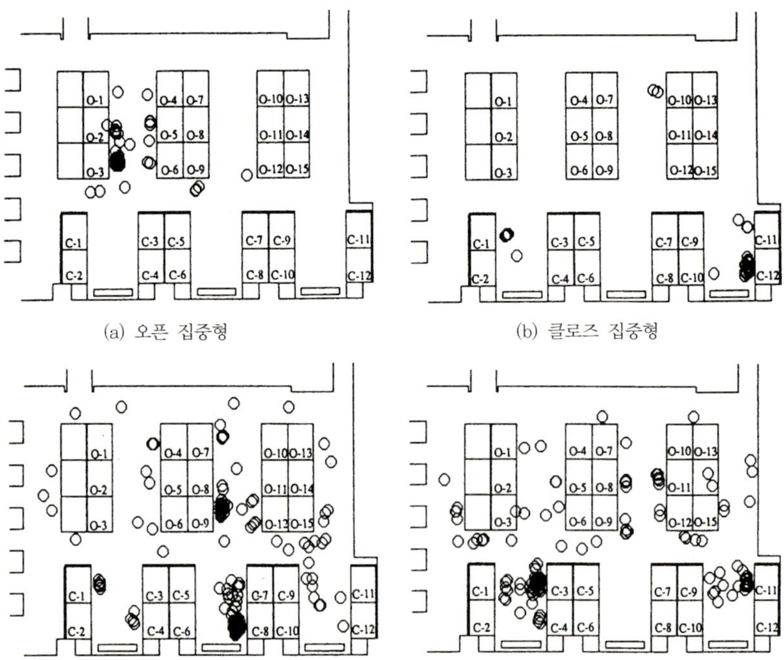

(a) 오픈 집중형 (b) 클로즈 집중형

(c) OC균등이용형 (d) 클로즈 편중이용형

그림 2.8 각 업무자의 행동범위 유형

도 다른 유형이 나타나고 있는 것으로 보아 좌석선택의 주요 요인은 업무내용이라기보다는 개인의 취향 등의 특성에 있다고 보여지며, 그 범위 내에서 업무내용과 다른 사람이 선택한 자리 등에 의해 이동이 나타난다고 생각된다.

표 2.1은 개수 1년 후부터 반년 간, 부장과 A~C그룹 11명이 선택한 자리를 표시한 것이다. 한 자리의 평균 연속이용일수는 3.8일로 휴일이나 출장, 외출 등을 고려하면 자리의 이동은 대략 1주일마다 일어난다.

표 2.1 선택된 자리와 이용률 · 평균 연속이용일수

그룹	이름	선택된 자리 수	주로 이용되는 자리 수	O석 이용률	C석 이용률	평균 연속 이용일수
C	HM	2	1	100.0	0.0	8.2
B	MH	15	4	81.0	18.8	2.0
A	KW	14	5	78.6	21.5	5.0
C	KS	11	4	70.7	29.2	2.8
B	YY	12	6	69.0	31.1	1.9
A	TY	10	2	64.8	36.2	4.1
A	MI	11	5	51.7	48.4	5.2
M	HS	13	6	46.8	53.1	2.8
C	KK	8	4	41.5	58.4	6.9
C	KY	3	3	3.4	96.6	6.4
B	HN	5	2	0.0	100.0	4.5
평균치		9.1	3.8	55.2	44.8	4.5

* 주로 이용되는 자리 수 = 연속이용일수가 전원의 평균치보다 많은 자리

오픈석과 클로즈석을 '영역'이라는 관점에서 비교해보면 물리적 공간구성에 의해 클로즈석이 시각적 프라이버시를 지키기 쉽고 영역화되기 쉽다. 따라서 개인의 대인관계 조정능력 측면에서 보면 오픈석을 자주 이용하는 사람일수록 대인적인 프라이버시에 대해 관대하고 물리적 구성에 의한 보조 없이도 대인관계 조정이 가능하다. 또한 자신의 프라이버시가 침범되는 문제보다는 타인과의 시각적 프라이버시 침범에 의해 커뮤니케이션 기회가 많아진다는 점을 더욱 중요하게 여기고 있음을 알 수 있다. 반대로 클로즈석을 주로 이용하는 사람은 프라이버시 확보를 위해 물리적 공간구성을 이용하고 있다.

2) 프리 어드레스에 있어서 영역과 그 기능

프리 어드레스와 같은 공용공간의 경우 '영역'은 다른 사람과의 커뮤니케이션과 프라이버시의 조정기능에 의해 나타나게 된다. 실제로 장소를 선택함으로써 '자신의 것'이라고 의식하는 범위와 다른 사람이 '그 사람의 것'이라고 인식하는 범위가 결정된다. 그리고 나서 다른 사람과 '커뮤니케이션이 이루어지기 쉬운 장소', '커뮤니케이션 방법을 조정할 수 있는 장소', '시각적 프라이버시를 조정할 수 있는 장소'라는 기능적 범위가 나타난다. 또한 '영역'과 물리적 공간구성의 관계에는 개인적 특성이 존재한다. 예를 들면 넓은 자리를 좋아하고 패널로 둘러싸인 자리를 싫어하는 사람, 반대로 시각적 프라이버시에 민감하여 패널로 둘러싸인 자리를 선호하는 사람, 오픈석과 클로즈석을 상황에 따라 선택하여 사용하는 사람이 있다. 이러한 개인적 특성을 레이아웃 설계 전에 파악하여 공간배치에 적용한다면 업무자의 만족도를 더욱 향상시킬 수 있을 것이다.

프리 어드레스 오피스의 프로그래밍

다음은 프리 어드레스 오피스의 실현 사례를 통해, '영역'을 바탕으로 조직과 개인에 맞는 적절한 레이아웃을 계획할 수 있음을 밝히고자 한다. 즉, '영역'에 의한 프로그래밍 방법에 대해 살펴보기로 한다. 프로그래밍이란 현 상황에서의 이용실태, 입지조건, 유사시설, 클라이언트 및 사용자의 의견, 시설에서 전개되는 사업계획 등을 기준으로 시설계획에 대한 설계조건을 설정하는 프로세스를 의미한다.

1) 영역 조작

'영역'에 영향을 미치는 물리적 요인을 적절히 배치하여 개인의 행동 조정 기능을 갖는 '영역'을 평면적으로 분산 · 확대시키면, 자신의 장소를 확보함과 동시에 상호 영향을 미칠 수 있는 기회를 늘릴 수 있다. 즉, 프라이버시 확보와 커뮤니케이션 활성화를 동시에 획득할 수 있게 된다. 오피스 레이아웃

설계에서는 프로그래밍 단계에서 상황조사 결과(여조건)에 따라 대상범위, 수용인원, 수납가구 및 OA기기의 대수, 기본적인 사용법 규칙 이외에 기능 스페이스(공간단위)의 종류, 수량 및 면적 배분, 기능적 연결 등을 설계조건으로 설정한다. 여기에서는 공간단위의 종류와 수, 그리고 기능적 연결을 통해 영역 조작에 대해 생각해보기로 한다.

우선 기존의 오피스에서 각 업무자의 영역성의 강도를 공간단위 종류(예를 들면, 오픈석, 세미클로즈석, 클로즈석, OA석 등)별로 파악한 후 이를 토대로 각 공간단위 종류의 필요수치를 설정한다. 그 다음 전원의 필요수치를 집계하여 비례배분 및 조정을 통해 각 공간의 단위수를 설정한다. 이러한 과정을 통해 각 개인별 영역성이 강한 장소를 적절히 배치할 수 있게 된다.

'영역'을 평면적으로 확대시키기 위해서는 우선 오픈석을 다른 기능을 갖는 공간이나 다른 타입의 좌석이 있는 장소에 인접시킨다. 오픈석은 물리적 경계가 없기 때문에 커뮤니케이션 기회가 생기기 쉽다. 또한 오픈석 주위는 통로가 되기 때문에 이용기회가 늘어나 영역화되기가 쉬워진다. 클로즈석 · 세미클로즈석은 공간적으로 고립되기 쉽지만 오픈석에 인접시킴으로써 이용기회 및 마주칠 수 있는 기회를 늘린다면 영역화되기 쉬워진다. 또 다른 방법은 개인용 자료 책장을 각자의 영역성이 강한 장소에서 가능한 멀리 두는 것이다. 각자가 선택한 자리에서 개인용 자료 책장까지의 동선은 이용빈도가 높아지기 때문에 그 공간의 영역성은 강해진다. 각자의 자리에서 자료 책장까지의 동선이 길어지면 행동조정성을 지닌 '영역'이 확대된다.

2) 영역조작의 실례

그림 2.9와 같이 어느 국립대학의 연구실(약 169m²)을 대상으로 개수 전의 사용패턴을 토대로 설계조건을 설정하고 개수(리폼)한 후 전과 후를 비교했다[11].

연구실은 15명(조수 1명, 대학원생 14명)이 이용하며 기존 레이아웃에서는 '영역'에 대한 배려가 별로 없었다.

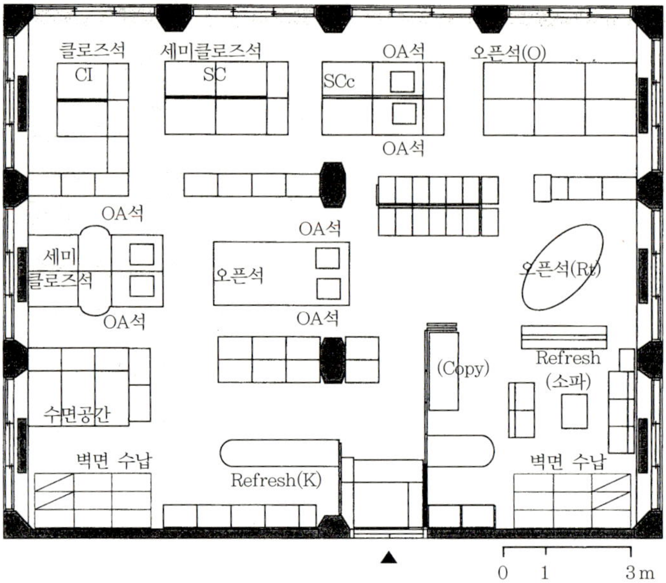

그림 2.9 개수 전 레이아웃

개인의 '영역성의 강도'는 인터벌 촬영 조사 및 업무내용 · 장소에 관한 설문조사 결과로부터 얻어진 장소별 이용도를 근거로 도출했다. 영역성의 강도를 판별하는 '장소'에 대해서는 각 공간의 기능(개인작업, 공동작업, OA작업, 휴식)과 물리적 공간구성에 의해 표 2.2와 같이 설정했다.

3) 설계조건과 실현된 레이아웃

각 개인을 대상으로 개인/공동작업석을 좌석유형(오픈석, 세미클로즈석, 클로즈석)별로 구분하여 영역성의 강약(◎, ○, —)에 대해 조사했다. 좌석유형별로 영역성이 ◎인 장소가 있으면 1석, ○과 —만 있다면 0.5석, —뿐이면 0으로 표시했다. 그리고 각 좌석유형에 대해 전원의 필요좌석수를 파악하여 그 비율을 설계조건으로 했다(표 2.3). O석 : SC석 : C석의 비율은 12 : 11 : 3이다(예산 사정상 OA석 · Copy석의 수는 조작할 수 없었다).

표 2.2 설정한 기능 공간

- 개인／공동작업
  - 클로즈석(Cl) : 옆에 인접한 책상이 없으며 두 면(앞 · 옆)이 패널(H=1,300) 등으로 둘러싸인 자리
  - 세미클로즈석(SC, SCc) : 인접한 개인/공동작업석(책상)이 있고 두 면 이상 둘러싸여 있거나, 인접해 있는 개인/공동작업석(책상) 없이 한 면이 둘러싸여 있는 자리
  - 오픈석(O, Oc, RT) : 인접한 개인/공동작업석이 있고 앞면에 패널이 없는 자리
- OA작업 : OA석/OA스페이스
- 휴게 : Refresh(K)
- 복사 : Copy(Copy)

개인/공동작업 공간은 패널의 유무, 옆에 인접해 있는 자리의 유무에 의해 이론적 조합의 수는 16정도이지만, 여기에서는 개수 전 및 개수 후 레이아웃에 포함되는 것만을 표시했다.

표 2.3 영역의 확장방식과 필요 좌석수비

분류	대상자	오픈					세미클로즈				클로즈		OA	
		O	Oc	Rt	종합	좌석수	SC	SCc	종합	좌석수	Cl	좌석수		좌석수
OSCA	TH(M1)	○	◎	—	◎	1	—	◎	◎	1	◎	1	◎	1
OSA	SI(D1)	◎	◎	◎	◎	1	◎	○	◎	1	○	0.5	◎	1
	EK(AR)	◎	◎	◎	◎	1	○	◎	◎	1	—	0	◎	1
	TY(M2)	○	◎	◎	◎	1	◎	◎	◎	1	—	0	◎	1
	HF(M1)	○	○	◎	◎	1	◎	◎	◎	1	—	0	◎	1
	US(M2)	○	◎	○	◎	1	○	◎	◎	1	—	0	◎	1
	HF(M2)	○	○	◎	◎	1	◎	○	◎	1	—	0	◎	1
OC	SU(M2)	○	◎	◎	◎	1	○	○	○	0.5	◎	1	○	0.5
SA	KO(M1)	—	○	○	○	0.5	—	◎	◎	1	—	0	◎	1
O	YT(D1)	◎	○	◎	◎	1	○	○	○	0.5	—	0	○	0.5
	KY(M2)	◎	—	◎	◎	1	○	○	○	0.5	○	0.5	—	0
	NY(M1)	◎	○	◎	◎	1	—	○	○	0.5	—	0	—	0
A	TK(D3)	○	—	—	○	0.5	—	○	○	0.5	—	0	◎	1
	KN(M1)	—	—	—	—	0	○	○	○	0.5	—	0	◎	1
필요좌석수비						12				11		3		11

* [분류]는 O: 오픈, S: 세미클로즈, C: 클로즈, A: OA를 나타냄.

그림 2.10은 개수 후 레이아웃을 나타낸 것이다. 반원형 책상은 두 명까지 사용할 수 있으므로 1~2석으로 산정하면, 오픈석이 8~12석, 세미오픈석이 12석, 클로즈석이 2석으로, 이들 비율은 앞에서 언급한 12 : 11 : 3의 비율을 거의 실현하고 있다. 통로에 바퀴달린 개인용 수납장이 배치되어 있어 OA석, 그리고 클로즈석과 세미클로즈석의 반 정도가 오픈석과 인접해 있지 않지만, 개인용 수납가구는 데이터화 되어 있는 14명 중 9명의 것을 조건에 만족하도록 설치할 수 있었다.

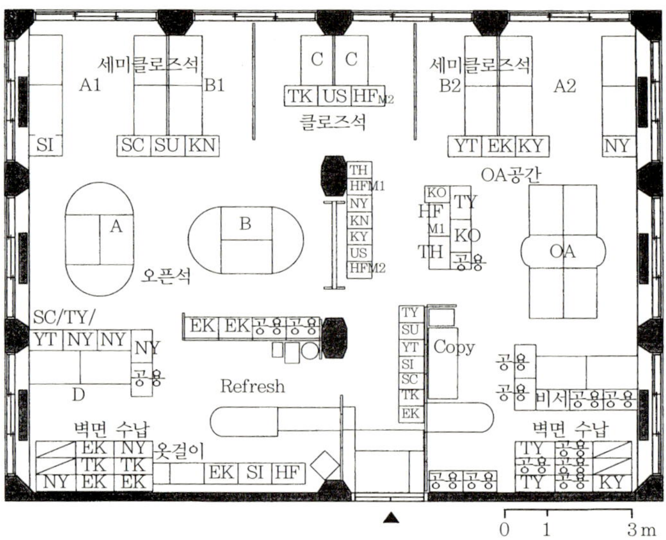

그림 2.10 개수 후 레이아웃

4) ‘영역’ 확장의 변화

표 2.4는 개수 후 레이아웃의 ‘영역’을 나타낸 것이다. 개수 전과 마찬가지로 OSCA, OSA, SA의 조합은 있지만 OC, O, A는 없어지고 OS, SCA, S, CA가 늘어나 ‘영역’이 확장되고 있다.

이를 토대로 필요 좌석수비를 산출하면 O : SC : C = 10 : 13.5 : 4.5가 된다. 개수 전의 실제 수치는 O : SC : C = 14 이상 : 8 : 2, 설정조건은 O : SC : C = 12 : 11 : 3, 개수 후 실제 수치는 O : SC : C =

8~12 : 12 : 2로 나타났다. 이는 제안된 좌석수비의 설정방법이 실제 좌석수에 영향을 받는다는 것을 보여주는 것이며 각 개인의 '영역'이 반영되어 있음을 말해준다.

표 2.4 '영역'의 확장방식과 패턴(개수 후)

분류	대상자	오픈		세미클로즈				클로즈	OA	Copy	Ref.
		A	B	A1	B1	A2	B2	C			
OSCA	EK(AR)	○	◎	—	◎	○	—	◎	◎	◎	◎
	TK(D3)	○	◎	◎	◎	—	—	◎	◎	◎	◎
OSA	NY(M1)	◎	◎	◎	—	—	—	—	◎	○	◎
	YT(D1)	◎	—	◎	◎	—	—	—	◎	—	○
	SI(D1)	◎	○	◎	—	◎	—	—	◎	◎	◎
	TH(M1)	○	◎	—	—	○	◎	—	◎	◎	◎
	HF(M2)	—	◎	—	—	◎	◎	—	◎	◎	◎
	HF(M1)	—	◎	—	—	—	◎	—	◎	○	◎
OS	KY(M2)	◎	—	◎	—	—	—	—	○	—	◎
SCA	TY(M2)	—	—	—	—	◎	—	◎	◎	◎	◎
SA	US(M2)	—	○	—	◎	○	◎	—	◎	◎	○
	KO(M1)	—	—	—	—	◎	◎	○	◎	◎	○
S	KN(M1)	—	—	—	—	◎	◎	—	○	—	◎
CA	SC(D2)	○	—	○	—	—	—	◎	◎	◎	○
*)불명	SU(M2)	—	◎	○	—	—	—	○	○	○	◎

* [분류]는 O: 오픈, S: 세미클로즈, C: 클로즈, A: OA를 나타냄.

5) 프라이버시 확보와 커뮤니케이션 활성화에 대한 효과

표 2.5는 '프라이버시 확보', '커뮤니케이션 활성화'에 대한 이용자 만족도 조사의 결과이다[12)]. 두 가지 만족도 조사(해당 레이아웃에 대한 만족도, 전과 비교한 만족도[13)])를 실시하여 5단계(−2~+2)로 질문했다.

표 2.5 만족도 평가조사의 결과 변화

설문항목		평가조사 결과				개수 후-고정 (평가)	개수 전-고정-개수 후의 평가 비교
		고정석인 경우		개수 후			
		평가	전회비교	평가	전회비교		
개인작업: 사고의 집중/프라이버시	평균치	0.26	1.00	0.86	0.13	0.60	개수 전
	표준편차	0.85	0.89	0.88	0.80	0.88	<고정석
	t	1.18	4.35*	3.78	0.63	1.87*	<개수 후
공동작업 : 의견교환／커뮤니케이션	평균치	0.86	0.20	0.80	0.60	−0.06	개수 전
	표준편차	1.02	1.04	0.97	0.80	1.01	? =고정석
	t	3.27	0.74	3.19	2.90*	−0.16	<개수 후
전체 커뮤니케이션	평균치	0.66	0.26	0.50	0.20	−0.16	개수 전
	표준편차	0.59	1.06	0.70	0.74	0.66	? =고정석
	t	4.33	0.95	2.77	1.05	−0.66	? =개수 후

* 음영부분은 통계적 유의차가 있는 결과

실험 사정상 개수 전과 개수 후 사이에 고정석 레이아웃을 두고 있기 때문에, 표 2.5에서는 고정석인 경우와 개수 후 각 레이아웃에 대한 평가, 이전 레이아웃과의 비교평가를 함께 표시했다. 또 우측 란에 개수 전 · 고정석 · 개수 후의 각각의 평가를 비교한 것에 대한 개요를 적었다.

'개인작업 시 사고의 집중 / 프라이버시'에 대해 개수 전과 고정석인 경우를 비교 평가해 보면 고정석일 때가 높다. 고정석인 경우의 평가와 개수 후를 비교하면 개수 후의 평가가 높다. '공동작업 시 의견교환 / 커뮤니케이션'에 대해서는 개수 전과 고정석인 경우의 평가가 다르지 않다. 고정석인 경우와 개수 후와의 비교평가에서는 개수 후가 높은 것으로 드러났다. 이는 개수 전과 비교해 개수 후 향상되었음을 말해준다. 결과적으로 '프라이버시 확보' 및 '커뮤니케이션의 활성화'에 대해 '영역'의 조작이 효과가 있었음을 알 수 있다[14].

업무공간 디자인의 과제

1) 공간의 유연성 flexibility과 분절 단위

업무공간에서 '영역'을 고려할 경우 개개인이 속해 있는 집단의 규모와 그 집단에 있어서 공통적으로 인식되는 장소의 범위가 문제가 된다. 또한 프리 어드레스의 실현조건을 영역이라는 측면에서 보면, 물리적으로 명확한 경계가 존재하지 않는 오픈 오피스의 경우, 공통의 귀속歸屬 의식을 가질 수 있는 집단의 크기를 정확히 파악한 후 실시범위를 설정해야만 한다. 그렇지 않으면 이용자의 만족을 얻으면서 프리 어드레스를 효과적으로 운용하기 어렵다. 현재 프리 어드레스 개념이 이미 많은 오피스에 도입되어 있지만 이러한 문제들은 해결해야 할 과제로 남아 있다.

2) 네트워크와 유연성

오늘날 일상적으로 자주 사용하는 PC라는 말은 퍼스널 컴퓨터에서 나온 말이지만 이러한 PC는 전 세계 컴퓨터와 연결되어 있다. 또한 퍼스널이란 공용화의 반대개념을 갖는 말이지만 오늘날 PC가 오피스의 필수품이 되면서 오피스의 유연성과 공용에 대한 지향, PC의 개별성과 전용에 대한 지향이라는 서로 모순된 결과가 초래되었다. 그러나 이러한 문제는 노트북과 무선 랜으로 해결되었다. 고성능 PC를 휴대할 수 있게 되었으며 장소에 구애받지 않고 네트워크 접속이 가능해진 것이다. 그러나 한편 이는 정보보안 문제가 새롭게 대두되는 원인이 되었다.

3) 개인작업, 그룹워크, 일의 장

업무공간에서의 작업은 크게 개인작업과 공동작업으로 분류할 수 있다. PC의 네트워크화로 인해 그룹웨어 Groupware 및 지식 매니지먼트 Knowledge management라는 개념이 등장하였으며, 이에 따라 그룹작업의 가능성에 기대가 모아지고 있다. 그러나 대향도형對向島型의 데스크에서 개인작업, 그룹작업, 커뮤니케이션이 모두 이루어져 왔던 일본에서는 공동작업, 커뮤니케이션이 항상 문제로 거론될 것이다. 단순히 부스형 개인 워크스테이션에 네트워크 기기를 접속시킨다고 하는 방법은 일본의 오피스 사정에는 아무래도 맞지 않는다. 게다가 커뮤니케이션 공간도 매우 부족한 실정이다. 이러한 상황에서 개인작업의 장과 그룹워크의 장을 어떠한 방식으로 조화시킬 것인가가 해결과제로 남아 있다.

4) 플렉스 워크 flex work에 있어서 개인의 자유와 책임

시간 · 공간 · 조직에 있어서 유연성이 증가하면 노동관리 문제가 발생한다. 성과주의와 같은 결과 중시 · 프로세스 불문 등의 대책도 있지만 실정은 어렵다. 프리 어드레스도 상당 부분 개인의 사고방식에 그 존속이 달려있다. 권력을 중심으로 사용된다 하더라도 규모에 여유가 있는 경우는 문제가 적지만, 경우에 따라서는 자유롭게 사용되어야 할 공간이 먼저 차지한 사용자의 전용 공간이 되어버릴 가능성도 크다. 일본에서는 정리 정돈되지 않은 난잡함의 가치를 자부하는 사람들도 있다. 이는 사회적 존재로서 공공의 이익을 우선시할 것인지, 개인의 이익을 존중할 것인지의 문제이기도 하다.

5) 설계 프로세스, 프로그래밍, 평가에 대해서

실무에서 프로그래밍 프로세스가 제대로 이루어지는 일은 드물다. 대규모 건축물의 경우 계획이 세밀하게 작성되기는 하지만, 실무 설계의 프로그래밍 단계에서는 시공주 측 조직에 대한 상세한 조사가 어렵기 때문에 필요한 공간의 기능 및 사용방법에 대해 건축주 측에 질문하여 파악하는 수밖에 없다[15].

오피스의 경우에는 입주조직이 이미 존재하는 경우가 많기 때문에 현황 파악이 가능하며, 현황에 대한 평가 및 실정 조사를 통해 적절한 설계조건을 프로그래밍함으로써 보다 적절한 공간 · 환경 창조로 이어갈 수 있다.

야마다 테츠야(山田哲弥)

2 환경의 창조성을 위한 매니지먼트

건축설계는 인간의 발상을 끌어내 공간이라는 형태로 만들어가는 과정이다. 그리고 그것을 집단으로 하는 것이 설계조직이다. 팀이나 조직을 이루어 설계를 하는 경우, 다양한 능력을 지니고 있는 개개인의 힘을 설계팀으로서 어떻게 결집해갈 것인가, 개개인의 발상을 어떤 식으로 끌어내 집단 · 팀으로서 의사결정을 해나갈 것인가가 중요한 과제이다. 일개의 건축에서 도시 및 지역 개발에 이르기까지 설계대상의 폭은 매우 넓고 요구하는 건축의 기능도 복잡해지면서 하나의 프로젝트에 여러 조직이 관련되는 경우도 늘고 있다. 이에 따라 조직 및 설계팀이 구성되는 방식과 설계의 진행방법과 관련하여, 설계조직의 창조성을 뒷받침하는 매니지먼트에 대한 다양한 방안이 모색되고 있다.

설계조직, 설계팀이라는 말은 각각 다른 의미로 쓰이는 경우가 있다. 특정 프로젝트를 위해 모인 멤버만을 설계팀이라 하고 일반업무는 고정된 멤버로 대처하기 때문에 그 멤버를 특별히 설계팀이라고 인식하지 않는 조직이 많이 있다. 한편, 설계부의 '과' 및 '부'를 설계팀이라고 부르는 조직도 있다. 조직이란, 조직학에서는 '제일의적으로 목적을 달성하기 위해 계획적으로 고안된 협동적 활동을 수반하는 인간의 사회적 행위의 단위'[16)]라고 정의하고 있다. 이것을 설계조직에 적용해보면 설계사무소, 설계시공회사의 설계부, 관공서의 건축과 등 상위 조직에서 프로젝트별로 구성된 설계팀을 말하며, 나아가 주민참여 설계일 경우에는 주민 · 행정 · 설계자가 함께 모여 구성된 집단까지 포함하게 된다. 설계팀은 이상과 같은 의미를 지니고 있으며 설계조직의 범주에 포함된다.

여기에서는 설계조직의 구조를 시스템으로 인식하여, 인풋 input으로서의 프로젝트에 대해 어떠한 방식으로 설계조직이 기능하여 아웃풋output으로서의 설계팀을 만들어내는가 라는 관점에서 설계조직을 파악하고자 한다. 이와 관련하여 설계조직과 설계팀을 다음과 같이 구별해서 사용하고자 한다. 설계조직은 설계사무소, 설계시공회사 설계부, 관공서의 건축과 등 상위 조직을 가리키는 것으로 한다. 이에 대해, 어떠한 프로젝트의 설계 프로세스에 관련된 사람들로 구성된 집단을 설계팀이라고 하기로 한다. 즉, 수주 받은 프로젝트별로 설계팀이 만들어진다고 한다면 특별한 프로젝트를 제외하고는 한 설계팀에 참가하고 있는 사람들이 동시에 다른 프로젝트 설계팀의 멤버가 되는 것도 가능하다.

또한 설계팀이 만들어질 때에는 그 조직구성 중에서 팀 멤버가 선출되어 팀이 편성된다. 그러나 반드시 설계실 및 설계부를 구성하고 있는 설계자 중에서 멤버가 선출되는 것은 아니다. 설계실 및 설계부에 팀을 편성하는 틀이 만들어져 있어, 한정된 집단에서 멤버가 선출되어 팀이 구성되는 경우가 있지만, 반대로 설계실 및 설계부의 틀을 넘어 비교적 큰 틀이 설정되어 있는 조직도 있다. 즉, 각각의 설계조직에는 설계팀 멤버의 경계라고도 할 수 있는 것이 어느 정도 정해져 있다. 이것은 조직표 및 조직도로 명시되어있는 것은 아니지만 설계팀을 편성함에 있어서 고려되는 경계이다. 설계실 및 설계부에 속해 있는 이 '집단'을 어느 정도의 크기로 구성할 것인가라는 문제는 설계팀을 만들 때의 자유도를 어느 정도 유지할 것인가와 관련되어 있다. 여기에서는 그 '집단'을 '조직단위'라고 하기로 한다. 이러한 조직단위가 각각의 설계조직에서 어떠한 방식으로 설정되어 있는가를 파악한다면 설계조직에서 설계팀이 형성되는 방식의 차이를 해명하는 실마리를 찾을 수 있을 것이다.

설계조직이 만드는 설계팀

설계조직은 프로젝트별로 설계팀을 만든다거나 프로젝트의 속성에 적합하도록 조직을 구성하는 등 설계대상에 대해 고도의 전문성을 유지하는 것은 물론 프로젝트의 개별 상황에 대응할 수 있도록 하고 있다. 오늘날 설계조직을 둘러싸고 있는 환경은 더욱 복잡해졌다. 지금까지도 한 명의 설계자가 모든 설계작업에 대응할 수 있었던 것은 아니지만 시민과 협력하여 지역 설계가 이루어진다거나 클라이언트 측에서도 설계를 지원하는 조직을 구성하는 등 보다 많은 사람들이 설계에 관여하게 되었다. 이와 더불어 설계기능이 고도화 · 다양화되면서 설계가 완성될 때까지 보다 복잡한 프로세스가 요구되고 있다.

예를 들면, 설계자 이외의 전문가들이 참여하는 경우도 있다. 특히 고도의 전문적 지식을 필요로 하는 바이오테크놀로지 연구소나 공장설계, 음악 및 연극의 공연자 및 관객이 요구하는 조건이 중요한 홀 · 극장설계, 고도로 진보한 의료기술에 적합한 공간이 요구되는 병원 설계 등에서는 각각의 설계대상에 대한 전문적 지식을 가진 사람들이 필요하다. 또한 지역주민 및 지역 사용자가 참여하는 주민참여 설계 프로세스에서는 입장이 서로 다른 사람들의 의견을 코디네이트하는 새로운 역할을 요구하기도 해 설계자가 설계자 본래의 역할과는 다른 역할을 맡게 되는 경우도 있다.

설계조직은 이러한 상황에 대응할 수 있도록 새로운 기능과 구조를 만들어내는 것은 물론 확대되어 가는 설계환경 속에서 생존 · 발전해 나가기 위한 새로운 시장을 개발하는 등 다양한 시도를 모색하고 있다. 이러한 점에서 볼 때 설계팀이 이루어지는 방식에는 효율성만으로 규정된 조직의 성격으로는 파악하기 어려운 독자적인 구조가 있다. 이러한 설계조직의 구조 · 설계팀의 시스템을 형성하는 것과 관련하여 다음과 같은 과제가 있다. 다양한 설계대상에 대해 고도의 전문성을 가질 것, 설계자의 개성을 발휘하고 설계의 질을 확보할 것, 설계의 책임과 의사결정구조를 조직의 관점으로 바라볼 것 등이 그것이다. 이러한 과제에 대해 설계조직이 대응한 결과가 현재의 조직형태와 그 매니지먼트에 나타나 있다.

설계 결과의 질과 개성 유지

실제 설계에서는 설계규모 및 부지가 제각기 다르기 때문에 거기에서 요구되는 공간기능은 같은 종류의 건축이라 하더라도 동일할 수 없다. 설계경기와 같이 동일한 설계조건으로 설계를 진행하는 경우도 있지만, 동일한 조건을 갖는 프로젝트로 설계조직 및 설계 프로세스가 같다고 해도 그로부터 나온 설계 결과는 다르다. 또한 같은 멤버로 구성된 설계팀이 동일한 설계조건으로 설계를 했다고 하더라도 그 결과 또한 다르다. 즉, 설계과정에서는 동일한 조건에서 출발한다고 해도 전혀 다른 설계 결과가 나올 수 있기 때문에 설계조직 및 설계팀의 구조와 창출된 설계 결과가 일의적인 관계를 갖는다고 보기는 어렵다. 이것을 가리켜 설계 프로세스에서의 '다결과성'이라고 한다. 이러한 다결과성은 개인이나 설계팀의 개성과 창조성의 발휘라고도 볼 수 있으며 설계의 질이 각기 다르다고도 생각할 수 있다.

설계조직이 수준 높은 건축을 실현하기 위해서는 개인 및 설계팀의 개성을 키워나가는 일을 간과해서는 안 된다. 한편, 고르지 못한 설계 결과가 나오지 않게 하기 위해서 설계의 질을 일정 수준 이상으로 유지시켜주는 것이 설계조직의 중요한 기능 중 하나이다. 설계조직은 다양한 조건과 상황을 갖는 프로젝트에 대해 일정 수준의 질을 확보할 수 있도록 구성되어야 한다. 이것은 조직이 갖춰야 할 자기안정성이라는 기능이다.

이러한 설계 프로세스에서의 다결과성과 조직의 자기안정성은 언뜻 보기에는 모순된 기능처럼 보이지만 설계조직 시스템에서는 이들 두 기능이 균형을 유지하며 공존해야 한다. 다시 말해, 설계 프로세스에서의 다결과성은 설계의 개성 실현과 연관된 것으로 설계의 질 확보, 즉 조직의 자기안정성을 높임으로써 실현될 수 있다. 이러한 밸런스는 설계조직의 전체구성, 각 설계팀이 만들어지는 방식, 설계 프로세스의 구조에 있어서 매우 중요한 과제이다.

설계조직이 경쟁적인 환경 속에서 프로젝트의 획득을 목표로 하고 있는 건축설계분야에서는 설계 결과의 개성 및 창조성이 중요시된다. 그러한 이유로 많은 설계조직이 조직 내에 이색적인 설계팀 및 조직단위를 만들고 있는 것이다. 디자인을 중시하는 소수 정예의 설계팀을 만들기도 하고 개성 있는 설계자를 조직 내에 배치시켜 그를 중심으로 한 프로젝트 팀을 만들기도 한다. 또한 그 설계팀 및 설계자에게 중요한 프로젝트를 집중해서 맡긴다거나 조직의 의사결정에 대한 구속을 완화시킴으로써 자율성을 유지할 수 있도록 해준다. 조직 내에 대립관계의 조직단위를 다수 만들고 조직으로서의 개성 차이를 의도적으로 인식하게 함으로써 경합관계를 만들어내는 경우도 있다.

이것은 특정 설계팀 및 설계자를 갑작스럽게 만들어 조직의 다양성을 확보하려는 것과는 대조적으로, 설계조직 전체의 힘의 균형을 유지하면서 조직의 개성을 키워나가려는 시도이다. 이는 설계 결과의 개성을 설계자 및 설계팀의 개성에서 구하는 경우와 조직 자체가 설계 결과의 개성을 전체로서 제어하려고 하는 경우로 그 전략을 크게 둘로 나눌 수 있다.

이러한 이질적인 설계팀 · 조직단위가 자율적으로 움직이면서 설계조직을 둘러싼 환경 정보를 전체 시스템에 전달하는 역할(환경의 사상 寫像으로서의 역할)을 하고 있다는 것도 그 특징이라 할 수 있다.

다양한 설계대상

설계조직은 대상 프로젝트의 속성에 대응해 그 구성을 기능별로 분화시키고 있다. 예를 들면, 설계 부문을 호텔 · 레저시설, 교육시설, 사무소 · 사업시설, 문화사회 · 연수시설, 상업시설, 하우징, 생산시설, 유통시설, 의료시설 등으로 나누고 있는 설계조직이 많다. 이에 대해 클라이언트와의 대응(개인의 전문 분야를 명확히 하지 않고 어떠한 프로젝트에도 대응할 수 있도록 하는)에 따라, 또는 설계대상이 도시적 범위인 경우에는, 그 양상이 매우 복잡하기 때문에 이러한 설계대상별 기능 구분을 명확히 하지 않는 조직도 생겨나고 있다. 또한 설계조직에서는 일반적으로 같은 종류의 프로젝트가 발주되는 일은 드물며, 오히려 다양한 설계대상의 프로젝트를 동일한 조직 시스템으로 소수의 설계팀에서 처리해야 하는 경우가 많다. 예를 들면, 고령자 설계를 맡고 있는 설계팀이 사무소나 유통시설을 설계하는 경우도 있을 것이고 생산시설을 담당하는 설계팀이 대형마트와 같은 상업시설을 설계하는 경우도 있다. 따라서 각각의 프로젝트에 적합한 형태로 설계팀을 구성해나가는 것이 중요해지고 있다.

설계대상의 전문성에 대응하여 조직을 세세히 나누는 분화도가 높은 조직에서는 거기에 속해 있는 설계자가 하나의 전문성에 치우치는 고정적 상황이 발생하기도 한다. 고도의 전문적인 기술을 보유하고 있는 설계자가 더욱 전문적인 프로젝트를 경험함으로써 그 경험과 지식이 개인에게 축적되어간다.

특히 그러한 조직에서는 개별 프로젝트에 대한 건축적 해결안이 비슷해져버리는 설계 결과의 동질화 경향이 점점 커진다. 그로 인해 설계 결과의 질에 관련된 문제가 발생하는 경우도 있다. 이는 설계자 개인의 설계에 대한 동기부여가 희박해지는 것을 의미하기도 한다. 특히 디자인의 질을 높이고자 하는 설계 사무소에서는 이러한 개인의 전문성에 대한 고착을 피하기 위해 다수의 전문영역을 통합하여 개인이 특정 전문영역에 치우치지 않도록 하는 구조를 갖는 경우도 있다. 다른 한편 이에 대해, 인사이동으로 대응하는 조직도 있다.

이와 같이 설계팀의 구성방법, 설계집단을 만들어 내는 조직구성은 설계대상의 다양성에 적응할 수 있도록 고안되어야 한다. 마켓조직이라는 이름을 붙여서 전문분야별로 세세하게 조직단위를 나누고 있는 설계조직(분화적 경향을 갖는)은 구성요소의 수를 늘림으로써 환경과의 균형을 유지하려고 한다. 반대로 전문성이 확실하지 않거나 다수의 전문분야 단위로 구성된 설계조직(종합적인 경향을 갖는)은 구성요소의 관계에 중점을 둠으로써 환경 적응에 대처하고 있다.

■ 정보의 전달과 축적의 밸런스

조직의 구조는 조직 내부의 정보전달(커뮤니케이션), 조직과 환경과의 정보전달구조라고 할 수 있다. 이것은 조직 내부에서 설계팀 내의 개인과 개인, 개인과 설계팀, 설계팀과 설계팀을 연결하는 것으로서 의사결정 프로세스(의사결정+구조결정의 프로세스)에 정보를 제공하는 역할을 하기도 한다. 정보의 과잉, 누락, 왜곡, 마이너스의 피드백을 피하고 바른 정보가 전달되고 집적되도록 하는 것이 설계조직 시스템의 과제이다. 실제로 프로젝트 및 설계 프로세스에 관한 정보는 개인 및 설계팀 레벨에서 축적되는 경우가 많기 때문에 정보 자체가 지니고 있는 특수성에 의해 조직으로서의 공유 및 축적에 커다란 장애가 발생한다. 정보의 종류가 말뿐만 아니라 도형 언어도 포함한다는 것, 필요로 하는 정보가 설계의 실행 프로세스에 관한 정보일 뿐만 아니라 설계팀의 형성 및 구조 변화에 관한 정보이기도 하다는 것이 그

것이다. 이러한 정보의 특수성으로 인해 정보를 인식하기도 어렵고 기록하기도 쉽지 않다.

이러한 정보를 조직레벨에서 축적하기 위해서는 설계작업 이외의 노동력이 필요하다. 이에 대해 조직의 형태에 따라 정보의 축적력을 확보하고 개인의 경험을 통해 축적된 정보 및 전문적 지식을 조직으로서 공유하고자 하는 시도가 많은 설계조직에서 나타나고 있다. 병원 및 공장·연구소 등의 설계는 고도의 전문정보와 지식을 필요로 하기 때문에 그러한 정보를 조직 내부에 축적하는 것이 요구된다. 그리고 실제 프로젝트를 통해 얻은 정보는 이용 가치가 높기 때문에 프로젝트의 경험을 조직에 일원화하여 집적하는 것이 시도되고 있다.

전문성이 높은 정보가 일단 개인 및 설계팀에 축적된 후, 이것이 다시 유동성의 확보로 이어진다면 조직구성은 설계기능이 통합된 경향을 강하게 나타낼 것이다. 반대로 전문성이 높은 정보가 조직레벨에서 축적되는 것을 우선으로 하고, 그것을 개인 및 설계팀이 자유롭게 이용할 수 있도록 하는 구조라면 설계기능별 경향이 강한 조직구성이 된다. 프로젝트 지향이 강한 매트릭스 구조를 선택한 설계조직에서는 부문 간의 설계정보 공유와 정보의 축적력을 커다란 과제로 안고 있다. 설계의 개성에 대한 문제도 중요하지만, 정보의 축적을 개인에게 맡길 것인가 아니면 조직에서 공유할 것인가라는 두 가지 상반된 문제 사이에 설계조직구조의 방향이 놓여 있다.

의사결정의 공유

설계팀에서의 설계는 의사결정자가 누구(개인인가 집단인가)이며, 담당하는 프로젝트나 프로세스에 대한 책임자를 어떤 식으로 정할 것인가가 설계 시스템의 중요한 관건이다. 이는 설계 프로세스에서의 설계팀의 의사결정방법과 관련이 있으며, 팀 설계 시의 설계 결과의 질과 설계 프로세스를 크게 좌우하는 요소 중 하나이다. 집단으로 의사결정을 내리는 경우 집단분극화현상[링겔만 효과(집단사고에 있어서의 책임 분산, 수고를 덞)와 리스키 시프트(집단사고가 극단적인 결론에 이르는 경향)]과 같이 결정되는 내용이 그

집단이 지니고 있는 가치기준에 의해 한쪽으로 치우치는 경향이 있으며, 이는 설계조직에 있어서도 예외가 아니다.

예를 들면, 설계팀에서 위계가 없는 대등한 멤버가 의사결정을 할 때 다수의 의견이 집단의 최소공배수밖에 되지 않는, 즉 보수적인 내용으로 치우쳐 새로운 시도나 참신한 디자인이 부정되기 쉽다는 것이 설계자의 경험적 지견이다. 이러한 조직에서는 디자인 회의 · 디자인 리뷰 등 조직에서의 설계 체크 기능을 프로젝트의 실현성이나 공간의 질에 대한 체크 등으로 한정하여 설계의 개성에 대한 영향력을 의도적으로 약하게 하는 경우도 많다. 또 설계자 상호간의 격식 없는 체크 기능을 중요시한다거나 조직단위 내에서만 통용되는 디자인 체크 기능을 만듦으로써 디자인에 관한 의사결정의 주체를 가능한 개인이나 소규모 집단으로 한정하고 있다.

또한 설계에 있어서의 의사결정에는 합리적으로 판단할 수 있는 부분과 합리적인 판단으로 대치할 수 없는 부분이 있다. 이러한 이유로 다양한 개인이 모여 있는 설계팀에 있어서는 가치기준이 유연하게 공유될 필요가 있다.

이는 설계조직 내에서의 자체교육에 의해 만들어지거나 몇 가지 설계 프로세스를 처리해 가는 과정에서 얻어지는 조직 내에서의 경험에 의해 획득되기도 한다.

설계조직에서는 '다수의 사람'이 관여하는 구조로 설계내용 및 설계의 진행방법에 관한 의사결정이 내려지고 설계가 진행된다. 그리고 각 설계자가 설계집단에 속해 있으며 각각의 입장과 역할에 대한 인식이 공유된다. 이러한 의미에서 설계조직은 개인이 설계집단에 귀속되어 의사결정을 내린다고 하는 조직형태를 인식하는 구조로 되어 있다고 할 수 있다. 즉, 조직 부문 및 설계팀의 구성이나 설계자의 역할을 조직 내에 인식시킴으로써, 조직으로서의 강한 일체감을 부여해 설계팀으로서 활동하기 쉬운 '장'을 형성하는 것이다. 그러한 예로서 'SD팀', '대규모 팀', '설계조직 속의 조직', '4개의 설계 사무소의 집합체' 등과 같이 조직의 부문이 전체 설계조직으로부터 자립하고 있다는 것을 각 멤버에게 인식시키는 예, 설계팀에서의 의사결정자 및 설계 프로세스 관리자에게 명칭을 붙여 그에 대한 인지도를 높이고 있는 예도 있다. 의사결정 내용과 설계내용을 공유하는 '장'으로서 디자인 회의가 있는데, 이는 본래의 의사결정 기능과 함께 설계팀 내에서의 의사결정과 설계 내용을 설계조직 전체에서 공유하기 위한 구조로 되어 있는 경우가 많다.

이와 같이 설계조직의 조성은 설계조직을 둘러싼 환경에 적응한 결과이다. 통합된 조직구조를 갖는 설계조직은 구성요소 간에 관계를 맺게 함으로써 환경에 적응하고, 세분화된 조직구조로 되어 있는 설계조직은 구성요소의 수를 늘림으로써 환경과의 밸런스를 유지하려고 한다. 어떤 형태를 취할 것인가에 대한 명확한 조건은 그때그때의 대응에 따라 달라진다. 그러나 분화와 통합의 조직구조는 장단점을 모두 갖고 있기 때문에 각 조직구조는 고정된 상태로 있는 것이 아니라, 분화와 통합 상태를 오가며 다소의 조직 변용을 반복하고 있다.

설계조직 매니지먼트 사례

이상과 같이 설계조직에는 설계의 창조성과 질을 뒷받침해 주는 매니지먼트구조가 존재한다.

K건설회사에서 설계를 담당하고 있는 인력은 900명이 넘는다. 그 중 570명이 독립된 설계조직인 건축설계본부를 구성하고 있으며, 여러 의뢰처로부터 들어오는 설계 안건에 관계하고 있다. 다음은 이러한 설계조직의 조직구성에 대한 생각과 조직 운영방안에 대해 기술하고, 매일매일 변화하고 있는 시장 변화에 대응해가며 설계의 질을 향상시키고 의뢰처의 만족도를 높여나가는 설계조직 매니지먼트의 사례를 소개하기로 한다.

1) 설계 현장으로부터 – 집합주택의 설계 사례

동경 미나토구港区의 운하로 둘러싸인 공장 · 조차장操車場 터(통칭 : 시바우라 아일랜드 芝浦アイランド)가 도심거주의 선구적 마을로 다시 태어났다. M사를 중심으로 한 디벨로퍼와 설계 시공을 담당한 K사, 섬 전체의 디자인 가이드라인을 담당한 건축가, 그 외에 랜드스케이프 아키텍트, 인테리어 디자이너 등 환경 창조에 관련된 다양한 전문가가 모여 마치즈쿠리를 실시했다. 시바우라 아일랜드는 6.4 ha에 달하는 부지에 4동의 초고층 아파트(약

3,000호)을 비롯한 노인시설, 의료시설, 상업시설, 레스토랑, 광장, 운동시설, 프라이빗 가든, 산책로, 선착장 등이 일체화 된 마을이다. 다양한 라이프스타일에 대응하기 위한 주호계획과 잘 갖추어진 공유시설(갤러리, 어린이방, 헬스클럽 등), 자연과 운하가 일체화된 쾌적한 외부환경, 운하에 면해 있는 상점과 음식점, 거주자의 크루저 이용 등 도심거주 엔터테인먼트로서의 매력이 살아 숨 쉬는 새로운 마을이 제안되었다. 이 마치즈쿠리는 환경 창조로서 새로운 모델을 제공하는 것은 물론 민간개발사업으로서도 대성공을 거두었다.

이러한 종합적인 환경 창조의 장에서 K사 설계팀은 집합주택 설계를 위한 고도의 전문성 – 다양한 주호의 평면계획, 공간과 구조의 적합성(주호 내에 대들보가 튀어나와 있지 않는 등), 설비의 다양성(향후 변경 가능한 설비계획, SI Skeleton-Infill(역주 : 자유로운 방 배치, 내장재의 변경 및 교환에 대응할 수 있는 구조로 거주자가 어느 정도 자신의 취향에 맞게 변경 가능한 오더메이드 방식을 말한다.), 안심 · 안전의 확보(내진, 방재, 방범 등), 환경 대응(쓰레기 처리), 관공서와의 절충, 비용문제 등 – 은 물론 디자인 제안 능력과 다른 전문가와 협력하여 설계를 완성시키는 코디네이션 능력이 요구되었다.

하나의 건물대상(레퍼토리)에서 조직이 축적한 기술 · 노하우가 베이스가 되었으며, 의뢰처는 초기단계부터 여러 전문가와 협력함으로써 시장에서 높이 평가받는 설계결과를 얻어낼 수 있었다. 이러한 경험은 설계조직에 새로운 축적을 만들어냄과 동시에 설계자의 능력을 육성 · 강화시켜 설계조직을 브랜드화 할 수 있다.

다음에서는 레퍼토리에 바탕을 둔 K사의 조직구성 및 운영 방안(조직 매니지먼트)에 대해 알아보고자 한다.

2) 매트릭스구조의 설계조직

K사 설계본부에서는 건축의장 · 구조 · 설비의 전문 분야별 조직과 건축대상별 레퍼토리제의 매트릭스구조로 조직을 운영하고 있다. 설계본부가 목표로 하고 있는 것은 건물의 대상에 정통한 노하우의 축적 · 정보의 활용과 인

건축설계본부 570명

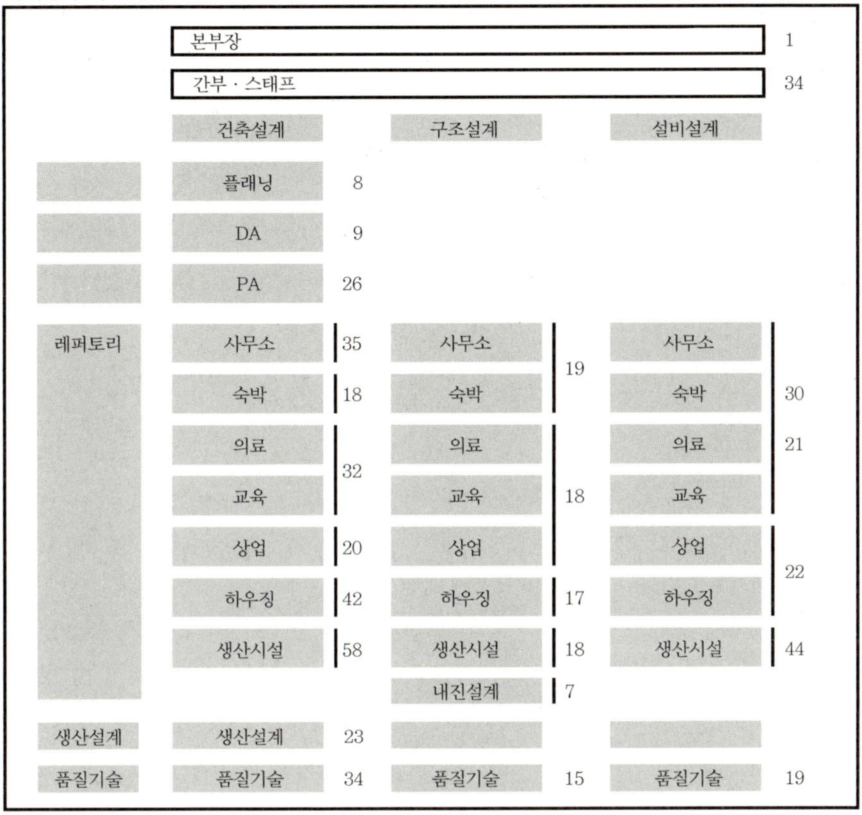

그림 2.11 조직 구성(K사 건축설계본부의 예)

재의 육성이다. 이것은 큰 조직이 여러 의뢰처로부터 받은 다양한 설계 안건을 높은 수준을 유지하며 효율적으로 수행해가기 위한 조직 매니지먼트이다.

설계는 건축의장설계, 구조설계, 설비설계가 함께 이루어지며 건축의장설계자의 리더 하에 수행된다. 소위 조직으로서의 위계(상사 · 부하의 관계)는 이 3가지 분야를 축으로 하여 이루어진다. 건축설계 총괄그룹, 구조설계 총괄그룹, 설비설계 총괄그룹이라는 3개의 큰 그룹이 있으며 각 분야별로 조직으로서의 관리, 정보전달, 평가, 인사 등이 이루어진다. 한편, 각 분야에 따른 개개의 그룹은 사무소, 하우징, 교육 · 의료, 상업 · 숙박, 생산시설이라는 5가지 건물 종별(레퍼토리)로 구성되어 있으며, 설계 프로젝트는 설계본부 전체 운영회의에서 레퍼토리에 근거해 담당자가 결정된다. 설계팀은 상기 레퍼토리를 담당하고 있는 총괄 그룹으로부터 건축의장 · 구조 · 설비 담당자가 선임되어 팀이 편성되고 실제 설계가 이루어진다. 이와 같이 각 분야별 전문가로서의 전문성을 중시한 조직 매니지먼트와 레퍼토리를 횡축으로 한 팀 편성(전문가의 선임)에 의한 설계 프로젝트가 병립하는 매트릭스구조 조직이 형성된다. 레퍼토리를 기축으로 설계를 수행(이하, 레퍼토리제)하는 것에 의해 각 분야별로 전문가로서의 경험이 축적된다. 이와 더불어 시장에서 요구하는 새로운 과제에 대한 문제해결 및 연구 개발은 새로운 기술의 축적으로 이어진다. 총괄그룹은 총괄GL Group Leader, 총괄GL 밑에 다수의 GL, GL 밑에 주임 chief, 그리고 스태프의 구성(3~10명)으로 특정 레퍼토리를 담당하게 된다(그림 2.11).

3) 정보의 공유

이상과 같이 레퍼토리제는 개인을 전문가로 하는 조직구조이다. 개인은 설계자라는 특성상 본인만이 가지고 있는 전문지식에 대해 공개하지 않고 개인의 노하우로서 간직하려는 성향이 있다. 이에 대해 총괄GL 하에 지식 매니저를 두어 개인의 경험이나 지식, 레퍼토리에서 요구하는 품질정보 등을 횡단적으로 모아 디지털화(지식 데이터베이스)하여 이를 조직의 홈페이지 상에 개시하고 있다. 설계자 개인이 정보를 움켜쥐고 있던 상황이 변화하기 시작했다. 40대 이하의 젊은 세대는 정보에 관해 개방적이다. 지식 매니저의 출현과 정보의 전자화에 의해 개인이 지니고 있던 정보를 개시하기 시작한 것이다.

또한 미니 세션이라는 회의단체가 있다. 이것은 격식 없이 자유롭게 정보를 교환하는 단체로서 30대 중견층의 자발적인 모임에서 시작되었다. 자신의 일이나 프로젝트, 기술에 대해 발표하는 회의로서 월 2회 개최되며 전원이 1년에 한 번 발표하는 것으로 되어 있다. 매회 20명 정도의 사람들이 미팅에 참가하고 있으며 발표내용은 홈페이지에 올려 본부 내 사람이라면 누구라도 열람이 가능하다.

4) 조직의 디자인 능력 강화 – PA · DA제도와 플래닝 그룹

레퍼토리제에 의해 특정 건물 대상별 전문가를 육성하는 한편, 레퍼토리를 한정하지 않고 설계 프로젝트를 실시하는 조직단위가 있다. 그것을 PA Project Architect라고 한다. PA는 설계자로서의 문제해결 능력 · 디자인 능력이 우수하고 경험이 풍부한 40~50대 GL이 선임되며 그 수하의 구성 멤버는 젊은 세대부터 40대까지, 1팀에 3, 4명에서 10명까지로 구성된다. PA는 레퍼토리제의 설계팀과 협력하는 한편 주도권을 갖고 있어 주요 프로젝트를 담당하게 된다. 또 PA는 건설회사의 설계부로서 계획의 안정성 및 높은 질, 디자인성, 비용의 적절한 배분 등 외부의 평가에 부응하는 수준 높은 설계의 실현을 목표로 하고 있다.

PA와 함께 디자인 수준의 향상을 담당하는 것이 DA Design Associate Group이다. 능력 있는 젊은 인재를 모아 공모 프로젝트 및 주요 프로젝트를 비롯한 다양한 설계 프로젝트의 디자인 단계를 지원하는 그룹이다. PA는 프로젝트 초기단계부터 마지막까지 모두 관여하지만 DA는 프로젝트의 초기 디자인을 담당하기 때문에 많은 프로젝트 경험을 쌓을 수가 있고, 특히 공모전에 관련된 견해나 지식을 축적할 수 있다.

DA는 35살 정도까지의 젊은 인재를 중심으로 구성되며 입사한 지 2~3년 된 젊은 세대도 포함된다. DA는 공모전 안건에 상관없이 레퍼토리의 각 프로젝트 요구에 따라 디자인의 서포터로서 투입된다. DA제도 도입 초기단계에는 게릴라식으로 디자인을 서포트하는 이러한 구조에 대해 레퍼토리를 담당하는 GL로부터 큰 반발이 있었다. 그러나 현재에는 결과물로서 설계의 질을 높이는 것이 실적으로 인식되면서 충분한 기능을 발휘하고 있다. DA제도는 젊은 인재를 육성하는 역할을 담당하고 있다. 입사한 지 2~3년 된 젊은 인재들이 경험을 넓힐 수 있도록 가능한 많은 사람들 밑에서 설계를 경험하게 함으로써 여러 사람의 스타일을 배우도록 하고 있다. DA가 되면 공모전 및 실제 프로젝트에 상당한 빈도로 참여하기 때문에 어시스턴트 및 디자인 패키지 제작 등 다양한 경험을 쌓게 된다. 이와 같이 DA와 레퍼토리제는 강하게 연관되어 있기 때문에 DA 경험자가 향후 GL이 되어 디자인의 질을 높이고 조직 전체의 설계를 담당하는 중심역할을 할 수 있도록 계획이 진행되고 있다.

레퍼토리제가 전문가를 육성함으로써 경험 및 노하우를 축적 · 활용해 설계의 질을 유지하고자 하는 것에 대해, DA제는 디자인에 있어서의 개성 발휘와 젊은 인재의 육성을, PA제는 건축가로서의 개성 및 능력의 발휘를 목표로 하고 있다.

이와 더불어 도시적 규모의 개발 공모전 등 대규모 프로젝트의 프로젝트 구성단계에서는 사내 · 외 사업개발부문과의 제휴 등 특유의 코디네이션 능력, 개발수법 검토, 나아가 기획 구상단계에서의 구상 능력 · 디자인 능력이 요구되기 때문에 레퍼토리를 한정하지 않는 플래닝 그룹이라는 조직단위가 생겨났다. 이 그룹은 고객으로부터 요청받은 다양한 대규모 개발기획구상안에 맞춰 특화한 그룹으로서, 프로젝트의 내용에 따라 PA 및 DA, 각 레퍼토리 담당과 협력하고 고객이 요구하는 기획구상안을 단기간에 수행한다.

5) 설계의 질 확보

실제 설계업무에서 일정 수준 이상의 설계의 질을 확보하고 나면 설계본부 간부에 의한 설계 심사(DR Design Review)을 거쳐 그 설계의 질을 유지하게 된다. 설계 프로세스에서 기본설계가 끝나기 전에 DR1, 종료 후에 DR2, 실시설계의 완성 후에 검토로서 DR3을 실시하고 있다. 또 DA, PA가 투입되는 중요 프로젝트에서는 설계의 진행과정에서 조직적으로 설계를 체크하는 DB Design Board가 운영되고 있다. 디자인이 정해지기 전 초기단계부터 설계방침을 확인하는 것을 목적으로 하며 DB를 통해 디자인 방향을 계속해서 확인하고, 본부장을 중심으로 담당자와 토의를 거듭하여 디자인 방향을 정해간다(그림 2.12).

또한 전문적 경험을 보유하고 있는 간부 멤버를 프린서플 아키텍트 principle architect라 하여 설계심사의 멤버로 참가시키고 있다.

설계의 질을 확보하기 위한 시도로서 설계 초기단계에서부터 시공정보를 미리 입수하여 품질 · 공기 · 비용의 컨트롤과 설계도면의 완성도 향상을 예측해왔다. 생산설계 그룹은 건축생산의 일관성을 더욱 강화하기 위한 건설회사만의 장점을 살린 조직단위이다.

	수탁 시	기본계획 · 기본설계		실시설계	시행	준공 후
		디자인 보드 건축계 간부에 의한 JOB 디자인 방침 확인				
	JOB 운영회의	DR1 건축DR 구조DR 설비DR	DR2	DR (검토) 신청검토 견적검토 계약검토	착공시 설명회 중간검사 준공검사	준공DR
	방침 설정	종합품질 등 구체적 대책	실시 이행 확인	설계검증	공사감리	검수 · 평가 · FB
심사목적	JOB운영방침 JOB담당자 중점관리항목	종합품질 · 개산 등의 확인 및 각계DR에게 전문기술 확인	DR1의 지원 개산의 확인 실시설계이행의 확인	설계도서의 확인	공사 확인 · 검사	준공JOB의 검수 · 평가 · FB 고객만족도 조사
개최시기	설계수탁 시	기본계획 초기	기본설계 종료 후	실시설계	시공	준공 후 3개월 이내
대상 JOB	전체JOB (공모전 포함)	전체JOB (공모전 포함)	일반설계JOB	일반설계JOB	일반설계JOB	일반설계JOB
심사 멤버 – 건축설계본부	○	○	○	○	○	○
심사 멤버 – 타 부서	–	○	○	–	○	–

그림 2.12 설계 프로세스 (K사 건축설계본부 JOB운영 흐름)

토모다 시게루(鞆田 茂) · 니시무라 신야(西村伸也)

3 ‘커뮤니티 카페’에 의한 라이프케어[26]

‘비전문가’에 의해 실현된 카페공간

최근 몇 년 아이들, 육아중인 부모, 고령자, 장애인 등 타인에게 의존적이라고 여겨지는 사람들에 대한 케어를 계기로 지역사람들이 운영하는 카페공간이 각지에 동시다발적으로 생겨나고 있다. 이러한 카페공간에서 이루어지고 있는 케어란 사람들에 대한 배려와 관심을 바탕으로 이루어지는 생활 속의 다양한 보살핌이며, 결코 전문적인 기능을 요하는 간호나 개호가 아니다[27]. 그러나 이러한 장소를 방문하면 기존의 시설에서는 실현되지 못했던 풍요로운 장소가 되어있다는 사실에 놀라게 된다.

각각의 카페공간에는 그 장소에 (항상) 있고, 그 장소를 소중히 생각하며, 그 장소(의 운영)에 있어서 무언가의 역할을 하고 있는, 즉 장소의 주인이라고도 할 수 있는 인물이 존재한다[28]. 여기에서 주목하고 있는 카페공간의 주인은 (건축계획학의) 전문가가 아닌 ‘비전문가’인 경우가 많지만 지역이 어떤 모습이면 좋을지, 장소를 어떻게 운영하면 좋을지에 대해 확고한 생각을 가지고 있다는 사실에 다시 한 번 놀라게 된다.

센리 千里 뉴타운에 있는 근린센터의 빈 점포를 개수하여 오픈한 ‘히가시마치 마치카도히로바 ひがしまち街角広場(이하, 마치카도히로바)’의 대표인 A씨는 다음과 같이 말하고 있다[29].

[A] 뉴타운 내에는 그냥 마음 편히 시간을 보낼 수 있는, 모두가 별 목적없이 모여서 대화를 나눌 수 있는, 느긋하게 시간을 보낼 수 있는 장소가 없었습니다. 그런 장소가 있었으면 좋겠다고 생각했지만, 이런

지역에서 그런 장소를 확보하는 것은 좀처럼 쉽지 않았습니다.

[A] 얼굴은 알고 있었지만 어디에 사는 어떤 사람인지 자세히 알지 못하는 경우도 많이 있지 않습니까? 여기에서 그런 사람들도 많이 알게 되었습니다.

뉴타운은 지역생활을 구성하는데 있어서 몇 가지 기능을 상정하고 각각의 기능에 맞는 시설을 설치해가는 계획된 마을이다. 그러나 센리 뉴타운에서 수십 년간 살아온 A씨는 이렇게 시설의 집적으로서 마을을 계획한다고 하는 생각에 이의를 제기하고 있다. 즉, 원하는 장소가 기존의 지역시설에 없다면 스스로 그 장소를 만들자는 생각에서 탄생한 곳이 바로 이 카페공간이다. 각 지역의 카페공간이 어떠한 의도에서 생겨났는지에 대해 들을 때마다 지역사람들이 그렇게도 절실히 원했던 장소가 왜 지금까지 지역시설 체계에서는 빠져 있었는지 의문이 든다.

이러한 카페공간은 기존의 빌딩타입의 틀에는 맞지 않는다. 그래서 여기에서는 잠정적으로 '커뮤니티 카페'라고 부르기로 한다. 단, 이 호칭도 결코 정해진 것은 아니며, '마을의 툇마루', '교류의 장', '길모퉁이 쉼터', '서비스 플레이스' 등으로 불리기도 한다[30].

이처럼 카페공간은 이름도 정해져 있지 않아 그곳이 어떤 장소인지 충분히 알 수 없을 거라 생각한다. 따라서 논의의 공통 전제로서 우선 커뮤니티 카페란 어떠한 장소이며, 그곳에서는 어떠한 일이 실현되고 있는지에 대해 살펴보고자 한다. 커뮤니티 카페는 '비전문가'에 의해 오픈된 장소이기는 하지만 (건축계획학의) 전문가에게 있어서도 주목할 만한 가치가 있는 장소라는 인식을 공유할 수 있었으면 한다. 그러한 전제 하에 어떤 의도에서 이러한 장소를 운영하게 되었는지 살펴보고자 한다.

다양한 커뮤니티 카페

여기에서는 지역 커뮤니티 카페의 사례로서 '토포스', '시모신죠 사쿠라엔'(이하, 사쿠라엔)', '마치카도히로바'라는 커뮤니티 카페에 주목한다. 이들 커뮤니티 카페는 다음과 같은 목적으로 오픈했다.

- TOΠΟΣ '토포스'는 그리스어로 '장소'를 의미합니다. 연령 · 성별 · 국적 · 소속 · 장애의 유무 · 종교 · 문화 등 사람과 사귀면서 느끼게 되는 벽을 뛰어넘어 상호 교류를 목표로 하고 있습니다./……, '말'의 소중함을 느낄 수 있는 커뮤니케이션을 '토포스'에서 경험해보시지 않겠습니까?
- 후레아이 리빙 '시모신죠 사쿠라엔'은 어르신들이 가볍게 드나들며 여러 사람들과 교류하고 다양한 활동에 참가함으로써 더불어 사는 삶을 목적으로 하는 시설입니다./ 시모신죠 下新庄 지역의 분이라면 누구든지 사용할 수 있는 장소입니다. 고령자 분들은 물론, 젊은 사람들과 아이들도 이 장소를 활용해 상호 교류할 수 있는 커뮤니티를 키워나갔으면 합니다.
- 지역교류 장소인 '히가시마치 마치카도히로바' / 지역의 모든 거주자가 함께 운영하고 있는 '마치카도히로바'/ 산책 도중에, 장 보고 돌아오는 길에, 커피 · 홍차 등을 마시면서 '잠시 쉬었다'가지 않으시겠습니까? 누구나, 자유롭게, 마음 편히 들러주세요.

'교류', '커뮤니케이션', '후레아이(상호접촉)'라는 말이 사용되고 있는 것으로 보아 커뮤니티 카페는 지역사람들이 서로 접촉할 수 있는 기회를 제공하고 이를 통해 라이프 케어를 실현하고자 하는 장소라고 할 수 있다.

1) 부모와 아이의 휴게실 '토포스'

'토포스'는 지금으로부터 약 20년 전 1987년 4월에 오픈한 커뮤니티 카페이다. 당시 아이들은 교칙에 얽매여 하루하루를 보냈으며, 또 자신의 부모와 선생님이라고 하는 [S] '이해관계가 많은' 어른들과의 접촉밖에 없었다고 한다. 양육을 통해 이러한 아이들의 모습을 지켜 본 S씨는 사춘기의 아이들에게 느긋하게 있을 수 있는 장소, 여러 어른들과 만날 수 있는 장소가 필요하다고 생각하게 되었다. 단, 당시는 아이들이 카페에 들어가는 것을 교칙으로

금지하고 있었기 때문에 [S] '(만약 사건이 생기면)제가 전부 책임지겠습니다'라고 학교와 교섭하여 아이들도 들어갈 수 있는 학교 공인 카페가 실현되었다. '토포스'는 이러한 S씨의 개인적인 생각이 계기가 되어 만들어진 '아이들끼리라도 들어갈 수 있는 도서 코너가 딸린 카페'이다(그림 2.13). 오픈 당시 '토포스'는 아이들이 찾아와 그곳에 와 있는 어른들과 대화를 나눌 수 있는 장소였다. 그러나 20년 넘게 운영해오는 동안 '토포스'를 찾아오는 사람들에도 변화가 있어 지금은 30~50세 정도의 사람들이 찾는 경우가 많다. 단, 지금도 하교하는 길에 아이들이 물을 마시러 들른다거나, 어렸을 때 '토포스'를 방문했던 사람들이 어른이 되어 다시 찾아오는 일도 있다. 또한 정

개설연도	1987년 4월 14일
소재지	동경도 에도가와구
스태프	S씨(여성)
운영일시	월요일~토요일 11:00~18:00
건물	S씨가 지인에게 설계 의뢰
면적	약 65㎡
메뉴	• 브랜드커피 : 400엔 • 카페오레 : 450엔 • 홍차 : 400엔 • 런치타임 서비스 : 980엔 (12:00~14:00) • 영타임 서비스 : 200엔 • 그 밖에 각종 음료와 가벼운 식사

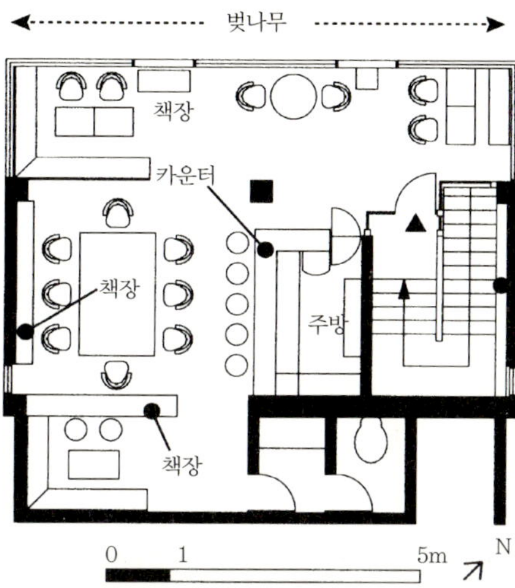

그림 2.13 부모와 아이의 휴게실 '토포스'

신적으로 병을 갖고 있는 사람이 찾아오기도 해, 이러한 사람들의 만남을 통해서 '정신적으로 병을 갖고 있는 사람들과의 커뮤니케이션 장'[31]으로서 '토포스 히비키노카이 とぽす響きの会'라는 모임이 열리게 되었다.

'토포스'를 찾아오는 사람들은 [S] '사람들이 많으면 "아까는 '토포스'답지 않았지"라고 말하며 조용히 아무도 없을 때 들어오는 사람이 많다'고 한다. S씨도 많은 사람들이 찾아오는 장소가 아닌, [S] '누구에게도 알려주고 싶지 않은 나만의 장소라고 말하는 것이 '토포스'답지 않을까라고 생각합니다'라고 말하고 있다.

2) 후레아이 리빙 '시모신죠 사쿠라엔'

현재 오사카 大阪에서는 '후레아이 리빙'이라고 하는 관영주택에 사는 고령자들이 익숙해진 주택에서 조금이라도 더 오래 살 수 있도록 장소를 정비하는 하는 사업을 진행하고 있다. '후레아이 리빙'은 사전에 예약을 하고 열쇠를 빌려 이용하는 관영주택의 집회소와는 달리 언제든지 가볍게 들를 수 있는 '협동생활의 장'으로서 자리매김하고 있다[32]. '사쿠라엔'은 '후레아이 리빙' 제1호로서 2000년 5월 시모신죠 철골주택에 만들어진 장소이다(그림 2.14)[33].

'후레아이 리빙'은 정비사업에 있어서 커뮤니티를 제로상태에서부터 만들어 가는 것이 아니라 '기존의 커뮤니티를 발전시키는 것'을 목적으로 한다[32]. 따라서 관영주택의 자치회 활동을 발전시키는 형태로 정비사업이 진행되었다. 또 '사쿠라엔'에서는 자치회라는 틀에 얽매이는 것이 아니라 관영주택의 거주자 이외의 사람들도 드나들기 쉽도록 관영주택의 가장 끝 부지에 신축하도록 배려하고 있다. '사쿠라엔' 건물은 오사카의 재정적인 지원을 받아 신축되었지만 테이블 및 의자의 구입, 일상의 운영은 오사카의 재정적 지원을 받지 않고 지역사람들이 직접 해나가고 있다. 이렇게 해서 오픈한 '사쿠라엔'은 관영주택 내 · 외로부터 하루에 40명 정도의 고령자가 찾아오는 장소가 되었다.

개설연도	2000년 5월 15일
소재지	오사카시 히가시요도가와구
스태프	약 15명의 여성 자원봉사자 운영위원장은 W씨(여성)
운영일시	월요일~토요일 9:00~16:00
건물	기존의 집회소와는 별도로 신축
면적	약 75㎡
메뉴	• 커피 : 100엔 • 홍차 : 100엔 • 쥬스 : 100엔 • 허브티 : 150엔 • 토스트 : 100엔 • 삶은 계란 : 30엔

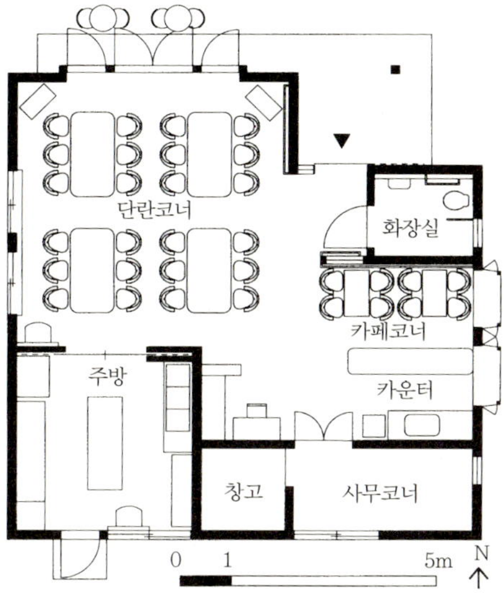

그림 2.14 후레아이 리빙 '시모신죠 사쿠라엔'

3) '히가시마치 마치카도히로바 ひがしまち街角広場'

2000년, 센리 뉴타운 1주구에 있는 신센리 히가시마치 新千里 東町가 국토교통성의 '걸어 다니며 생활할 수 있는 마치즈쿠리 사업' 모델 프로젝트의 대상 지역으로 선정되었다. '마치카도히로바'는 이 사업을 계기로, 근린센터의 빈 점포를 생활 서비스와 교류의 거점으로 이용하는 반년 간의 사회 실험으로 만들어진 장소이다(그림 2.15)[34,35].

개설연도	2001년 9월 30일
소재지	오사카부 토요나카시
스태프	약 15명의 여성 자원봉사자 대표는 A (여성)
운영일시	월요일~토요일 11:00~16:00
건물	근린센터의 빈 점포를 개수
면적	약 30㎡ (이전 전) 약 75㎡ (이전 후)
메뉴 ㅁ는 위탁 판매	• 커피 : 100엔 • 홍차 : 100엔 • 일본차 : 100엔 • 칼피스 : 100엔 • 쥬스 : 100엔 ※ 100엔은 '성의요금'으로 어디까지나 기준요금이다. ㅁ쿠키 : 100엔 (유유카보차노오우치) ㅁ생쿠키 : 100엔(후루루) ㅁ마들렌 : 80엔(후루루) ㅁ대나무식초 · 죽염 : 300엔 (센리타케노카이) ㅁ센리 그림엽서 : 50엔 (센리굿즈카이)

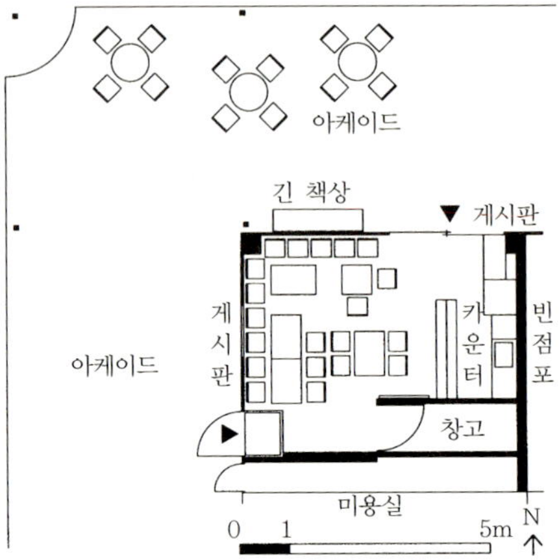

그림 2.15 '히가시마치 마치카도히로바'

2001년 9월에 오픈한 '마치카도히로바'는 당초 토요나카시 豊中市의 재정적 지원을 받아 사회 실험으로서 반년 간만 운영하기로 되어 있었다. 그러나 운영이 계속되기를 바라는 주민들의 성원에 힘입어 반년 간의 사회 실험 종료 후에는 토요나카시의 재정적 지원 없이 지역주민들에 의한 [A] '자주 운영'으로 존속되고 있다. 그 후 이용하고 있던 빈 점포의 임대계약이 끝나 2006

년 5월부터는 같은 근린센터의 다른 빈 점포로 이전해 운영을 계속하고 있다(그림 2.16, 2.17). 또한 2007년 6월에는 사용되고 있지 않던 '마치카도히로바' 2층에 'NPO법인 센리 주거학교' 및 '(주)오오타 히로이치 건축 · 도시디자인 太田博一建築 · 都市デザイン'이라는 사무소가 들어왔다.

그림 2.16 '마치카도히로바'의 이전하는 모습

이전하는 작업은 지역사람들과 근처 초등학교 교장선생님을 비롯한 많은 사람들의 도움으로 이루어졌다.

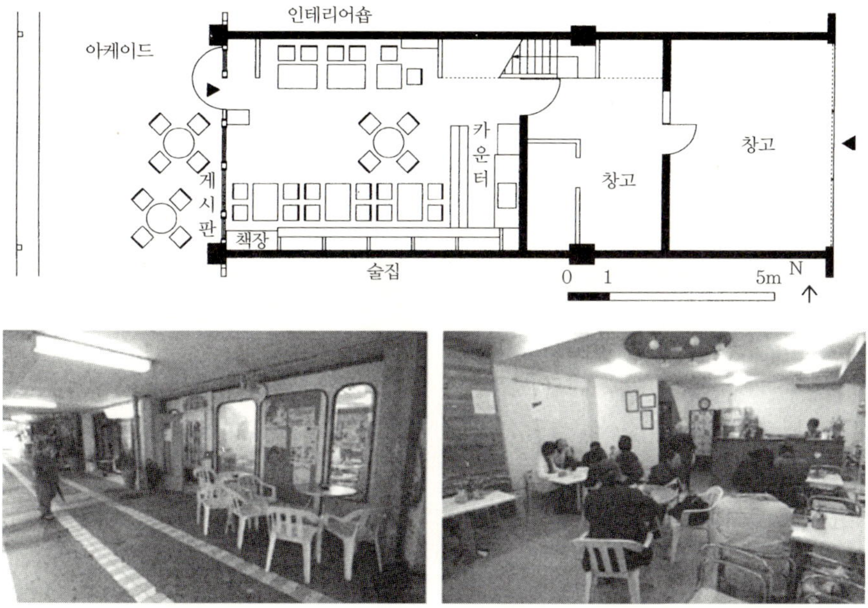

그림 2.17 이전 후의 '히가시마치 마치카도히로바'

'마치카도히로바'에서는 '성의요금' 100엔으로 커피 및 홍차가 제공된다. '토포스', '사쿠라엔'과 같이 가벼운 식사는 제공되고 있지 않지만 먹을 것을 자유롭게 가지고 들어갈 수 있다. '마치카도히로바'에는 하루 40명 정도의 사람들이 찾아오며 고령자가 대부분이지만 하교 길에 물 마시러 들르는 아이들도 자주 보인다.

지역 사람들에게 있어서 커뮤니티 카페의 의미

이들 세 커뮤니티 카페는 오픈 경위 및 운영체제가 각기 다르다. 그럼에도 불구하고 이들 장소가 지역사람들에게 있어서 갖는 의미는 다음과 같이 많은 공통점이 있다.

1) 각자 있고 싶은 대로 있을 수 있는 장소

커뮤니티 카페와 같이 지역사람들이 서로 접촉할 수 있는 기회를 제공하는 것을 목표로 하는 시설로 집회소와 주민회관이 있다.

그러나 미리 예정을 세우고 몇몇 활동에 참가하기 위해 찾아가는 집회소나 주민회관과는 달리 커뮤니티 카페는 가고 싶은 생각이 들 때 편하게 찾아가 느긋하게 시간을 보낼 수 있는 장소이다. 커뮤니티 카페에서는 친구끼리 혹은 이미 와 있는 사람들이나 운영하는 스태프들과 이야기를 나눌 수도 있다. 대화에는 가담하지 않고 다른 사람들의 대화에 귀를 기울인다거나 혼자서 책이나 신문을 읽을 수도 있다. 이렇게 커뮤니티 카페는 사람들이 각자 마음 가는 대로 있을 수 있는 장소이다.

2) 자기 나름대로 관여할 수 있는 장소

커뮤니티 카페에서는 그곳을 방문하는 사람들이 과자 등을 가지고 와, 그곳에 먼저 와 있는 사람들에게 나눠주는 경우도 있다. 사진이나 그림을 전시한다거나 설거지나 테이블 정리를 도와주기도 한다. 이처럼 커뮤니티 카페는 그곳을 방문하는 사람들이 손님으로서 마음 가는 대로 있을 수 있는 장소임은 물론, 적극적으로 운영에 관여함으로써 무언가의 역할을 맡는 등 자기 나름대로 관여하는 것이 허용되는 장소이다.

3) 가볍게 활동을 시작하고 참가할 수 있는 장소

이들 세 커뮤니티 카페에서는 다양한 활동이 이루어지고 있으며(그림 2.18), 이러한 활동에 참가하기 위해 미리 예정을 세우고 나서 커뮤니티 카

<table>
<tr>
<td>토포스</td>
<td>• 성서 읽기: 첫 번째 토요일
• 삶과 죽음을 생각하는 모임 : 네 번째 월요일
• 토포스 히비키노카이 : 세 번째 목요일
• 그림편지교실 : 매주 수 · 목요일
• 토포스 꽃그림전 : 매년 5월
• 토포스와 친구들전 : 매년 9월
• 크리스마스 모임 : 매년 12월
• 교육/육아/마음의 병 상담 : 수시(예약제)</td>
<td rowspan="2">마치카도
히로바</td>
<td rowspan="2">• 마치카도 토요 런치('센리 주거학교'와 공동개최): 첫 번째 토요일
• 대나무 축제: 매년 4월
• 설립기념행사: 매년 10월

※16:00 이후 및 일요일, 공휴일은 500엔으로 대여 가능
※'사진동아리 · 아지사이', '히가시오카 다디즈', '센리타케노카이', '센리 주거학교', '센리 굿즈노카이' 등이 활동 및 모임을 위해 이용하고 있음.</td>
</tr>
<tr>
<td>사쿠라엔</td>
<td>• 사회복지협의회 시간
– tea의 날: 첫 번째 목요일
– 단팥죽의 날: 세 번째 목요일
• 식사서비스: 세 번째 월요일
• 소품 만들기: 첫 번째 월요일
• 관영주택 문화제: 11월(5월)

※16:00 이후 및 일요일, 공휴일은 1500엔으로 대여 가능</td>
</tr>
</table>

그림 2.18 커뮤니티 카페에서의 활동

'토포스'에서는 자신의 개인전을 열고 있는 S씨가 직접 그림편지를 가르치고 있다(좌). '마치카도히로바'와 '센리 주거학교'가 공동으로 개최한 '마치카도 토요런치'의 모습(우).

페에 찾아오는 사람도 있는데, 이러한 경우 커뮤니티 카페는 집회소나 주민 회관과 비슷한 의미를 갖게 된다.

그러나 커뮤니티 카페에서 이루어지는 활동은 프로그램이 미리 고정되어 있는 것만은 아니다. 예를 들면, '토포스 히비키노카이'는 참가자가 순서대로 [S] '정신병은 왜 걸리는 걸까, 어떤 일이 가장 괴로운가……, 일을 하고 싶은데 오래 하지는 않을 거야', 등등 여러 가지 일들에 대해 두서없이 이야기 할 수 있는 모임이다. 또 '사쿠라엔'의 '소품 만들기'에 대해서 W씨는, [W] '그러니까 테마 말인데요, 무엇을 하자라는 것은 정해져 있지 않아요. 여기에 오면 어떻게든 되겠지 하는 식으로 하고 있으니까요……, 여기에 와서 "뭐 [할까]?"라는 식'으로 이루어지고 있다고 말하고 있다.

또한 A씨가 다음과 같이 말하는 것처럼 '마치카도히로바'는 사전절차 없이 자유롭게 빌릴 수가 있기 때문에 시간에 상관없이 밤늦게까지 이용할 수 있다.

[A] 단지에 있는 집회소라고 하는 것은 요컨대 목적이 분명해서 신청해놓지 않으면 이용할 수가 없어요. 그러나 '마치카도히로바'는 '오늘 저녁에 사용하고 싶은데 빌릴 수 있을까요?'라고 갑작스럽게 찾아온 사람에게도 빌려주기 때문에 그런 식으로 이용하는 사람들도 많이 있어요.

그리고 카페와 병행해서 이루어지고 있는 활동의 성과를 발표거나 전시하는 경우도 있기 때문에 차를 마시러 온 사람들이 그곳에서 이루어지고 있는 활동을 접할 수 있는 기회가 되기도 한다. 이는 새로운 활동을 낳는 계기가 되는 경우도 있다. '마치카도히로바'에 전시되어 있는 사진을 본 사람이 나도 이런 사진을 찍을 수 있었으면 좋겠다고 생각한 것이 계기가 되어 사진 동아리 '아지사이'가 탄생했다. 이 사진 동아리의 강사는 당시 사진을 전시했던 사람이다.

4) 지역주민들과 얼굴을 알게 되는 장소

커뮤니티 카페의 운영을 통해 사람들의 새로운 관계가 형성되고 있다. 이러한 사실은 커뮤니티 카페가 이미 친한 관계의 사람들끼리만 만나는 장소도, 사람들이 서로 어떠한 관계도 맺지 않고 보내는 장소도 아니라는 것을 말해준다.

[S] 왠지, 여기니까, 가족 같은 느낌이랄까. 그렇게 되어버리는 거지, 모두들.

[W] 일상생활 속에서 한두 번 마주치는 일은 많잖아요, 어디서라도. 그런 만남과는 다르게 정말 가족 같은 느낌이에요…… 그러니까 서로 걱정하고, 무의식중에 귀엽다고, 사랑스럽다고 말하게 되는 거겠죠……

이처럼 커뮤니티 카페에서 형성되고 있는 관계는 가족에 비유될 만하다. 뿐만 아니라 얼굴을 아는 사이라고 하는 중간적인 관계도 형성되고 있다[36]. '마치카도히로바'에는 하교 길에 물 마시러 들르는 아이들도 자주 보인다(그림 2.19). 이 아이들과 다른 세대인 고령자 사이에 얼굴을 아는 사이라고 하는 관계가 형성되는 것이다.

그림 2.19 아이들에게 있어서의 '마치카도히로바'

'마치카도히로바'는 초등학생이 하교 길에 '물 좀 주세요'라고 말하며 일상적으로 드나드는 장소이다.

[A] '마치카도'에는 아이들도 자주 드나들어요. 그러면 자연스럽게 나이 드신 분이나 다양한 연령의 사람들과 접촉을 하게 되고 얼굴을 익히

게 되죠. 그러면 '길에서 만나도 이야기를 한다거나, 인사를 한다거나 할 수 있겠지' 라고 생각했었는데, 역시 그렇게 되어가는 듯해요……

스즈키鈴木는 종래의 계획론에서는 '도시에 있어서 커뮤니티 및 사회관계'가 '가공의 서민마을 등을 모델로 한 유사적 커뮤니티'나 '서로 교섭이 없는 듯한 도시'와 같이 생각되는 경우가 많아 사회적 관계가 일면적으로밖에 파악되어 온 건 아닌가라고 지적하고 있다[37]. 이와 같이 일면적으로 파악된 사회적 관계라는 관점에서 보면, 여기에서 주목하고 있는 중간적 관계가 빠져 있다. 그러나 야마자키山崎가 다음과 같이 지적하고 있듯이 중간적인 관계는 사람들에게 있어서 없어서는 안 될 매우 중요한 것이다. '한쪽에 도시의 무관심이라는 사막이 펼쳐져 있고, 다른 한쪽에 무수히 많은 소시민의 배타적 가정이 조개와 같이 닫혀져 있는 것이 현대의 모습'이다. 그러나 '그 중간에 사교라고 하는 또 하나의 관계를 맺는 방법이 있는데, 그것에 목숨을 걸 만한 가치가 있다는 사실을 사람들은 잊어버린 지 오래다'라고 서술하고 있다[38]. 세넷Richard Sennett은 '친밀함이란, ……보통의 생활에 있어서 하나의 전제적 지배'이며, 도시는 '인간으로서 다른 사람들을 알지 않으면 안 된다는 강박관념 없이, 사람들과 함께 있다는 것 자체로 의미 있는 장소가 되는 곳(포럼)이여야 한다'고 말한다[39]. 와시다鷲田는 '제3자라고 하는 것은 기본적으로 책임이 없기 때문에 좋은 점이 있다. ……책임은 없지만 관심은 있을 수 있기 때문에, "요즘 어때?" 정도의 말을 걸어준다는 점이 좋은 것이다'라고 말한다[40].

물론 커뮤니티 카페에서 형성된 중간적인 관계가 그 후에 보다 친밀한 관계로 발전할 수도 있다. 그러나 중요한 것은 중간적인 관계에 있는 사람과 접촉할 수 있다는 사실이며, 중간적인 관계가 중간적인 관계인 채로 유지되는 것이 허용된다는 사실이다. 비록 친밀한 관계가 형성되지 않더라도 지역 사람들이 서로 얼굴을 익힐 수 있다는 것 자체로 커뮤니티 카페가 지역에 생겼다는 것은 적극적인 의미를 갖는 것이다.

5) 여러 가지 도움을 청할 수 있는 장소

커뮤니티 카페는 급한 문제가 생겼을 때 도움을 청하러 달려갈 수 있는 장소가 되었다.

[S] 무슨 일이 있을 때 달려가는, 문제해결의 장소.

[W] 지금, 여기, 교류의 장소이면서, 단지의, 단지 전체 내에서의 거점, 여러 가지 무언가에 대해 말하러 오는 장소, 그리고 카케코미데라 駆け込み寺(역주 : 에도시대에 남편과 헤어지기를 바라는 여자가 도망쳐 왔을 때 비구니로서 수행하게 하고 이혼을 성립시키던 절을 의미한다. 여기서는 은신처 정도의 의미로 생각할 수 있다.)처럼, 뭐랄까, 긴급 장소라고도 할 수 있는.

W씨는 목욕탕의 가스 탕비기를 끄지 않은 사람이 있다는 연락을 받고 서둘러 현장에 달려갔던 적이 있다고 말했다. A씨는 전기와 가스를 사용할 수 없게 되어 '마치카도히로바'로 도움을 청해 온 사람에게 몇 번인가 뜨거운 물을 준 적이 있다고 했다.

그러나 지역사람들에게 도움이 되는 일이 이렇게 긴급할 때에만 있는 것은 아니다.

[A] 사람을 잠시 받아주기도 합니다. '집안청소 좀 해야 하는데, 휠체어에 앉아 있는 이 아저씨 좀 맡아주세요'. '잠시 장보러 가야 하는데, 이 아이들을 여기에 잠시 맡겨두고 가도 될까요?'라고 부탁 받으면, '그러세요'라고 말하죠. 그럼 아이들은 여기서 놀게 됩니다. 엄마가 장보러 간 사이에. 무엇이든 할 수 있는 일은 다 합니다.

이처럼 커뮤니티 카페는 일상생활 속에서 생기는 여러 가지 일들에 대해 그때마다 상황에 맞게 대응할 수 있는 장소이다.

6) 지역의 정보가 모이는 장소

커뮤니티 카페에서는 지역의 다양한 정보를 제공하고 있다. '마치카도히로바'에서는 [A] '이곳을 기점으로 학교 정보를 밖으로 전달하는 걸 생각해보면 어떻습니까?'라는 A씨의 제안으로 게시판에 근처 초·중학교의 학교 소식을 게시하고 있다. 그 외에도 지역신문이나 이벤트 정보 등 '마치카도히로바'의 게시판에는 다양한 정보가 게시되어 있으며 기일이 지난 게시물을 정리하는 것이 매일 아침의 일이 되었다고 A씨는 말한다. '토포스'는 보건소와 연계되어 있어 정신적으로 병을 지니고 있고 앞으로 통원치료를 받으려고 하는 사람에게, [S] '여기 가면 좋아, 저기 가면 좋아'라는 식의 정보를 제공하기도 한다.

그러나 커뮤니티 카페에 모아지는 정보가 이렇게 의식적으로 제공되는 정보에 한정되어 있는 것만은 아니다. 지역사람들이 드나들면서 자연스럽게 다양한 정보가 모아지게 된다. 이러한 정보는 대화를 나눈다거나 혹은 다른 사람들의 대화를 듣는다거나 함으로써 지역으로 퍼져나간다. [A] '지역정보의 교차점'이라는 말에서도 알 수 있듯이 커뮤니티 카페는 다양한 정보가 모여 그것을 주고받는 장소가 되었다.

또 한 가지 중요한 사실은 다양한 지역정보가 모이는 장소이기 때문에, [A] '누군가에게 직접 말해도 알 수 없는 것을 여기서 큰 소리로 말하면 누군가가 들어준다'는 식으로, 커뮤니티 카페가 열려있다는 것 자체가 '그곳에 가면 뭔가 알 수 있을지도 몰라, 어떻게든 될지도 몰라'라는 식의, 소위 메타레벨 meta level의 정보를 사람들에게 제공하고 있다는 것이다.

커뮤니티 카페는 작고 보잘 것 없는 장소이지만 지역사람들에게 있어 큰 의미를 가진다. 스즈키는 근대 계획론의 배경인 '생활기능과 시설을 대응시킨다'는 사고방식에 대해, '시설과 생활의 관계는 생각하는 것보다 명확하지 않으며 다중적인 것'이라고 지적하고 있는데[41], 실로 커뮤니티 카페는 지역사람들에게 있어서 '정해져 있지 않은 다중적인' 의미를 갖는 장소이다.

이제 이러한 커뮤니티 카페가 어떠한 의도에서 운영되고 있는지 살펴보기로 한다.

■ 커뮤니티 카페의 운영을 뒷받침하고 있는 생각

1) 언제나 열려 있는 가게

세 커뮤니티 카페는 주 6일, 즉 거의 매일 운영되고 있다.

[A] 처음 시작했을 때 취지라 할 것 같으면, 아무튼 매일 운영한다. …… 주 1회라든가 한 달에 몇 번이라고 하면 누구라도 언제든지 '가볼까?' 라는 생각이 들었을 때 갈 수 없는, 자유롭게 드나들지 못하는 곳이 되고 맙니다. ……가면 언제든지 열려있다고 하는 안도감을 주는 것을 목적으로 매일 운영하고 있습니다.

A씨는 '마치카도히로바'를 매일 운영하는 것에 대한 의의에 대해 이렇게 말하고 있다. 이에 W씨도 열려있지 않은 것 같은 장소라면 집회소와 다름없기 때문에 '사쿠라엔'을 운영하는 의미가 없다고 말한다. [W] '누군가가 있어 준다는 것이 안심을 주는 거겠지요'라고 하며, '사쿠라엔'에 가면 언제나 누군가가 있다'라는 것이 지역사람들에게 안심을 주고 있다고 말하고 있다.

한편, 각 지역의 커뮤니티 카페는 가게처럼 돈을 지불하고 음료수를 주문하는 곳도 있지만 무료로 음료를 제공해주는 곳도 있으며 방문한 사람이 자기가 직접 만들어 마시는 곳도 있다. 음료를 제공하는 것만 보아도 각 지역의 커뮤니티 카페의 운영방법은 다양하다. 그러나 본서에서 소개하고 있는 세 커뮤니티 카페는 모두 가게로서 운영되고 있다.

[S] 어른으로서 내가 혼자서 아이들과 관계하는 것보다 여기에 오는 어른들이 각자의 입장에서 아이들과 관계를 맺을 수 있으면 좋겠어요. 그게 관계를 훨씬 더 풍요롭게 하지 않을까요? 그래서 카페로 만든 겁니다. 카페에는 손님으로 어른들이 많이 오니까요.

S씨는 가게로서 운영하기로 결정한 이유를 이와 같이 말하고 있다. '사쿠라엔'에서는 오픈 1주년 기념으로 음료수 무료 서비스를 실시했는데 반응이

좋아 2년째에도 같은 서비스를 실시했다. 그러나 2주년 기념행사 때에는 무료로 받으면 미안하다는 사람도 있어 1년째보다 찾아오는 사람이 줄었다고 한다. 그래서 그 이후에는 무료 서비스를 그만뒀다고 W씨는 말했다.

생활기능과 시설을 일대일로 대응시키는 계획론에서는 상업시설을 상품을 판매하는 장소라는 관점으로만 생각하게 된다. 그러나 이들 세 커뮤니티 카페를 보면 가게 즉, 상업시설이 지역에 있어서 다양한 의미를 지니고 있다는 것은 분명하다. 물론 상업시설이 상품판매라는 기능만을 지니고 있는 장소가 아니라는 것은 지금까지도 지적되어온 사실이다. 다만, 상업시설이라고 한마디로 말한다 해도 음식점, 소매점 등 점포의 종류, 개인 경영인지 체인점인지와 같은 경영형태 등 상업시설에도 여러 가지가 있다. 그러한 점에서 한 단계 더 나아가 생각해보면 '사람들 사이에 어떠한 접촉이 생겨났을까?'라는 관점에서 상업시설을 재분류하는 것이 가능하며, 또한 필요하다고 생각한다[42].

2) 정해져 있지 않은 운영내용

세 커뮤니티 카페에서는 다양한 활동이 행해지고 있다. 그러나 이들 활동이 처음부터 다 갖추어져 있었던 것은 아니다. 앞서 본 것처럼 '마치카도히로바'에서는 전시되어 있던 사진이 계기가 되어 '사진 동아리, 아지사이'가 만들어졌다. [S] '들어오는 사람에 의해 움직이고 여러 가지 이벤트가 탄생한다.' '토포스'에서 이루어지고 있는 활동에 대해 S씨는 이렇게 말하고 있다.

'사쿠라엔'은 본래 카페를 중심으로 한 장소로서 운영하기로 계획되어 있었으나, 지역사람들로부터 [W] '100엔 커피'의 매출만으로는 운영을 유지하기 어렵다는 의견이 나와, 식사모임이나 취미동아리 활동, 회의 등에 빌려줄 수 있는 '단란코너'와 식사 서비스 및 이벤트 시 요리 만드는 곳으로 빌려줄 수 있는 '주방'이 설치되었다. 이러한 경위로 평면계획이 결정되었지만 [W] '문을 열어보니까 카페가 사람들로 꽉 차 있어서'라고 말하는 것처럼 운영을 시작해보니까 카페가 예상보다 반응이 좋았기 때문에 지금은 '단란코너'도 카페 장소로 이용하고 있다(그림 2.20).

그림 2.20 '사쿠라엔'의 '카페코너'와 '단란코너'

카페가 예상 이상으로 반응이 좋았기 때문에, '카페코너'(좌) 뿐만 아니라, '단란코너'(우)도 차 마시는 장소로 이용되고 있다.

새로운 활동이 시작된다거나 당초의 계획과는 다른 형태로 이용되는 등 커뮤니티 카페에서는 운영내용이 계속해서 변한다. 그리고 세 커뮤니티 카페에서는 이와 같이 운영내용이 변화해 가는 것을 적극적인 일이라고 여긴다.

[S] 이곳은 카페이기 때문에 사람들과의 만남이 그 흐름을 만들어갑니다. 그래서 '조금만 기다려주세요'라고 나는 절대로 말할 수 없습니다. '그런 요구라면 그것도 합시다'라는 식으로 점점 회오리가 커져버린다고나 할까. ……그러니까 사람들이 이곳을 움직여가고, 변화시켜가고, ……좋은 변화라고 생각합니다.

[W] 교류하면서 운영해가는, 폭이 점점 넓어진다는 느낌으로, '뭐, 그건 좋은 일이야'라고 생각해서. 이쪽에서 뭔가 하지 않아도, 받으면서, 받으면서 해나가면, 얼마든지 있을 거라고 생각해요.

[A] 너무 지나친 장소를 만들어 보았자, 이쪽에서 강요하는 것이 있으면 안 됩니다. 그러니까, 확실히 말하면, 찾아오는 사람들이 만들어가는, 찾아오는 사람의 요구에 맞는 것을 만들어가는 것이지요. 이쪽의 강요는 역시 무리일 때가 있습니다.

'누구에게나 똑같이 적용되는 것을 지상과제로 하고 있다'는 서비스에 대해 '사람에 따라 각각 달라진다'는 말이 호스피탈리티 hospitality라고 불려지는 경우가 있다[43]. 호스피탈리티는 '환대'라고 해석되는 경우가 많지만[44] 사람들의 방문을 받아들이려고 하는 커뮤니티 카페의 운영에 있어서는 '손님들에 의해 규정되는'[45] 혹은 '고객을 받아들이는 패시브 passive한 상황에서 이루어지는 행동'[43]으로 해석할 수 있다.

이처럼 커뮤니티 카페의 운영내용은 미리 정해져 있는 것이 아니라 운영을 해나가면서 변화하는 것이다. 단, '교류', '커뮤니케이션', '접촉(후레아이)'을 실현한다고 하는 처음의 목적 자체는 변하지 않았다. 변화하고 있는 것은 '교류', '커뮤니케이션', '접촉(후레아이)'이라고 하는 말로 표현되는 것의 구체적인 내용이다. 즉, 이들 커뮤니티 카페에 있어서는 목적 자체가 크게 바뀌는 것은 아니지만, 운영해가면서 그 목적의 구체적 내용이 사후에 형성되고 변화하고 있는 것이다[46].

3) 기존 조직의 틀에 얽매이지 않는 운영

S씨의 개인적인 생각으로 시작된 '토포스'뿐만 아니라 행정의 요청을 계기로 열리게 된 '사쿠라엔'과 '마치카도히로바'에 있어서도 지역의 기존 조직의 틀에 얽매이지 않고 운영하는 것을 기본으로 하고 있다.

'사쿠라엔'은 처음에는 자치회 활동의 일환으로 운영될 계획이었다. 그러나 오픈 전까지 의논을 거치면서 자치회만으로는 운영을 지속하기 어렵다는 의견이 나왔기 때문에 관영주택 이외의 사람들에게도 도움을 청해 운영에 참가하도록 하기로 했다고 W씨는 말하고 있다. 한편, 오사카는 자치회장이 '사쿠라엔'의 운영위원장을 겸임한다고 하는 계획을 세우고 있었다. 이 계획에 대해 W씨는 자치회장이라는 것은 임기마다 바뀌는 것이기 때문에 그러한 [W] '자치회장이 운영위원장 자리에 앉게 되면 매번 다른 생각을 가진 사람으로 바뀌기 때문에 운영이 제대로 이루어질 수 없다'고 생각했다고 말한다. 이러한 이유로 '사쿠라엔'은 개설 이래 W씨가 운영위원장을 계속해서 맡아오고 있다[47].

'마치카도히로바'에 있어서는 오픈 당시에는 봉사활동 스태프의 인원수를 확보하기 위해 자치회연락협의회, 주민회관, 교구복지위원회, 지역방범협회라는 지역의 기존 조직이 요일별로 운영을 담당하고 있었다. 그러나 보름도 안 되어 조직에 소속되어 있지 않은 사람들은 봉사활동을 하기 어렵다는 불편함이 생겨났다. 그래서 그 이후에는 [A] '모두 격식을 버리고, 직책도 버리고, 개인으로서' 봉사활동 스태프가 되는 식으로 기존 조직의 틀에서 벗어나 운영하고 있다.

4) 정해져 있지 않은 주객 관계

운영에 관계하는 봉사활동 스태프와 방문자와의 관계에 대해서, W씨와 A씨는 다음과 같이 말하고 있다.

[W] 나는 봉사활동하시는 분들이랑 손님은 같은 입장이라고 생각합니다.……그러니까, 봉사활동하시는 분들도 서로 교류하는 관계인 것이지요. 손님들도 그러하고요. 그러니까 저도, 손님도, 봉사활동하시는 분들도 입장상 모두 동등, 대등하다고 생각합니다.

[A] 그러니까 그다지 특별히 공부를 해서 하고 있는 것도 아니고, 정말로 일상복 생활, ……오는 사람들도 일상복으로 오고, 그런 일상복끼리의 사귐, 평등, 이것이야말로 배리어프리의 만남이 아닐까, 그곳에서는 그런 것이 좋다고 생각합니다. ……그러니까 오시는 분들도 봉사자이고, 돕고 있는 분들도 봉사자라는 식으로, 언제든지 서로는 어떠한 위·아래 차이 없이 평등한 관계로 있을 수 있다는 것이 그곳의 가장 좋은 점입니다.

W씨는 가게로서 운영되고 있는 곳이라면 음료수를 주문한 사람을 기다리게 해서는 안 되는 것이지만, 지역사람들이 편안하고 느긋하게 있을 수 있는 장소인 '사쿠라엔'에서는 서둘러 음료수를 내놓지 않아도, [W] '[음료수를 내는 것이] 늦으면 미안합니다, [주문이 한번에] 3명 이상이 되면 패닉상태[가

됩니다]라는 식'으로 편하게 운영하면 된다고 말하고 있다. 또한, '사쿠라엔'과 '마치카도히로바'에서는 봉사활동 스태프에 대한 명문화된 매뉴얼은 만들지 않고 있다. 이와 같이 봉사활동 스태프와 방문자와의 관계를 고정시키지 않고 있다.

커뮤니티 카페는 교육 및 치료와 같은 서비스를 일방적으로 제공하는 전문가에 의해 운영되는 것 또한 아니다.

[S] 나는 의사도 아니고, 보건사도 아닌, 아무것도 아닌 평범한 마을에 사는 아줌마입니다. 그런데 그런 것이 오히려 아이들에게도 안심이고, 정신적으로 병을 앓고 있는 사람들도 안심인가 봐요. 무엇을 말해도 된다는 느낌으로.

[A] 그러니까 상대편이 열심히 말하고 있을 때 잘 들어주고, ……뭔가 상대방은 말하고 싶은 만큼 말하고 이쪽에서는 잘 들어주기만 해도 그걸로 자신의 마음속에서는 거의 해결이 되는 것이지요. 그렇지만 그것이 직업인 사람은 뭔가 말하지 않으면 안 되잖아요, 해결책을. 그러나 비전문가는 해결책 같은 걸 말하지 않아도, 하고 싶어 하는 얘기를 잘 듣고 '응, 응' 맞장구쳐주며 '응, 맞아. 나도 그랬었어'라고 말하면, 그것으로 안심이에요.

이렇게 커뮤니티 카페에서는 주객의 관계를 서비스 제공자와 소비자와 같이 고정시키지 않도록 하고 있다[48].

5) 지역과의 유대

앞서 살펴본 바와 같이 커뮤니티 카페는 지역의 기존 조직에 얽매이지 않고 운영되고 있지만, 이는 커뮤니티 카페가 지역과 어떠한 유대도 없다는 것을 의미하는 것은 아니다.

예를 들면, '사쿠라엔'의 'tea의 날'과 '단팥죽의 날'은 사회복지협의회와의 연계에 의해 이루어지고 있다. '마치카도히로바'의 A씨는 '마치카도히로바'에서 필요한 것은 모두 근린센터에서 구입하고 있다고 말한다.

또한 커뮤니티 카페의 주인은 자신이 전문가가 아니라고 하지만, 이렇게 말하고 있는 주인도 결코 전문가의 존재를 부정하고 있는 것은 아니다. '마치카도히로바'의 게시판에 초 · 중학교의 학교 소식이 게시된다거나 보건소와의 연계로 '토포스'에 병원정보가 제공되는 것처럼, 지역 사람들과 전문가의 적극적인 연계를 중요하게 생각하고 있다 [W] '케이스워커(역주 : caseworker, 사회복지활동전문가)가 들어오고 관공서가 제대로 들어오고 그러면 그때는 우리 일이 아니게 되잖아요'라고 말하는 W씨도, 전문가가 들어와 줄 때까지 신속하게 사람들을 도울 수 있다는 것이 '사쿠라엔'이 존재하는 의미라고 말한다.

게다가 S씨, W씨, A씨는 모두 커뮤니티 카페를 운영하기 전부터 PTA 및 자치회 활동 등을 통해 지속적으로 지역과의 관계를 유지해왔던 인물들이다. 이들은 이렇게 지역에서 쌓아온 관계가 지역과의 유대를 갖는 커뮤니티 카페의 운영을 가능하게 한다고 말한다.

6) '같은 장소에 있다'라는 존재방식의 실현

커뮤니티 카페는 지역사람들이 서로 접촉할 수 있는 기회를 제공하는 것에 목적을 두고 있다. 다만 커뮤니티 카페에서는 대화를 나눈다거나 활동에 참가하는 것에 대해 결코 무리하게 강요하지 않는다. A씨는 '마치카도히로바'에서 사람들이 시간을 보내는 방식에 대해 다음과 같이 말하고 있다.

[A] 큰 테이블에 여럿이 함께 있는 것도 좋지만, 역시 그렇게 되면 자기 혼자만의 테이블에 있고 싶을 때도 있을지 모릅니다. 그때그때 자유롭게 마음대로 사용할 수 있는 것이 좋을 것 같다고 생각합니다.

[W] '대화를 나누는 곳, 이곳은 함께예요. 아무 말 없이 먹는 사람은 적지요'라고 말하는 W씨는 항상 '사쿠라엔' 전체를 신경 쓰며 대화하는 무리 속에 들어가지 못하고 [W] '혼자가 되어 버린 사람'을 봤을 때에는 [W] '내가 "이쪽으로 오세요"라고 말하고, 앞에 앉아서 말 상대가 되어주고 있다'고 한다. 그러나 [W] '혼자 있고 싶어요'라고 하는

사람에 대해서는 [W] '간섭하지 않을 게요'라고 말한다.

[S] 서로 각자가 자신만의 공간에 앉아서, 누구에게도 감시받고 있지 않다는 느낌으로 편안하게 있을 수 있다고 한다. 그러나 뭔가 곤란한 일이 생겼을 때, '[일]이 있었어'라고 말할 때에는 옆에 있어줄 수 있는, 그런 공간이 필요하다고 생각했습니다.

[S] 이곳을 만들 때 완전히 고립되어 있지 않으면서도 자신만의 공간을 지킬 수 있는 그런 공간을 설계자에게 부탁했습니다.

S씨는 '토포스'를 열 때 갖고 있던 생각에 대해 이렇게 말한다(그림 2.21). 그리고 '토포스'에서 실현한 [S] '뭔가 중요한 이야기를 하고 있는 것 같다고 느끼면, 상대방도 그에 맞춰 조용히 해주는' 것과 같은 상황에 대해, [S] '공기가 잘 돈다'라는 표현을 하고 있다.

그림 2.21 '토포스'에 마련된 것들

자신이 좋아하는 자리를 선택할 수 있으며, 크고 작은 테이블과 카운터에 좌석이 마련되어 있다. 또 혼자서 방문한 사람도 여유롭게 있을 수 있는 공간을 마련했으며 책장에는 다양한 연대, 다양한 장르의 책이 꽂혀있다. 이 책장을 바라보는 것만으로도 '토포스'의 20년간의 자취를 느낄 수 있다.

이와 같이 커뮤니티 카페에서는 대화를 나눈다거나, 활동에 참가하는 것을 무리하게 요구하지 않는다. 그러나 싫으면 무리해서 관여하지 않아도 된다고 하는 소극적인 의미만을 갖는 것이 아니라, '특별히 직접 대화를 나누지 않더라도 장소와 시간을 공유하며 어떤 사람이 있는지에 대해 서로 인식하고 있는 상황', 즉 '같은 장소에 있다'는 것[49]을 느낄 수 있도록 하는 적극적인 의미도 갖는다. 커뮤니티 카페는 친구를 만들지 않으면 안 된다는 강박관념 없이 있을 수 있는 공간이다. 다시 말해, 얼굴을 아는 사이라고 하는 중간적인 관계가 허용된다. 그러한 배경에는 이러한 사회적 접촉에 대한 세밀한 배려가 있다.

7) 기존 물건의 활용

'마치카도히로바'에서는 자신들의 집이나 지역에 있는 사용하지 않게 된 것들이 이용되고 있다. 이에 대해 A씨는 다음과 같이 말한다.

[A] '마치카도히로바'의 경우에는 그냥 거기에 있으니까, 마침 거기 있었던 것, 하나부터 열까지 마침 그 자리에 있었던 것들을 모아서 마련한 장소입니다. 스푼 하나, 젓가락 하나, 전부 마침 거기 있었던 것을 각자 가지고 온 것이지요. 그곳에 있는 물건 중에 산 것이라곤 이번에 생긴 그 카운터뿐입니다.

'사쿠라엔'에서는 새로 산다는 등의 이유로 쓰지 않게 된 휠체어를 받아서 사람들에게 빌려주고 있다. 이처럼 커뮤니티 카페에는 미리 계획된 운영내용에 따라 필요한 것이 갖춰지는 경우도 있지만, 이용할 수 있는 것에 따라 운영내용을 그때그때 결정해갈 때도 있다.

이는 커뮤니티 카페가 위치하고 있는 건물 자체에도 적용된다. 즉, '마치카도히로바'는 오픈할 때와 이전할 때 빈 점포를 이용했는데, 이것은 그때 어느 건물을 이용할 수 있었는가라는 상황에 따라 운영내용이 결정되었다는 것을 의미한다. 또한 '사쿠라엔'은 기존의 집회소와는 별도로 신축되었지만 최근 오사카에서는 기존의 집회소를 리폼한 '리폼 타입'의 '후레아이 리빙'이 차례로 오픈되고 있다. 그 외에도 빈 점포나 빈 집 등의 기존 스톡을 이용하여 오픈하고 있는 커뮤니티 카페도 늘고 있다.

이와 같이 커뮤니티 카페의 운영은 그 상황에서 이용할 수 있는 것에 의해 규정된다. 즉, 커뮤니티 카페는 "각자 가지고 오는", 다시 말해 그때그때

한정된 도구와 재료를 모아 어떻게든 한다[50]는 브리콜라주 bricolage방식으로 마련된 장소라고도 할 수 있다.

세 커뮤니티 카페는 운영내용이 미리 정해져 있지 않고, 지역사람들이 무엇을 원하고 있는지, 무엇을 이용할 수 있는지, 그때마다의 상황에 대응하는 식으로 운영되고 있다. 이러한 운영의 유연성은 상황에 따른 대응이 집적된 결과라고도 할 수 있다.

이와 함께 세 커뮤니티 카페는 매우 의식 있는 생각을 바탕으로 운영되고 있다. 언제나 열려있는 가게로서 일상성을 중요시할 것, 무리한 교류를 요구하지 않고 얼굴을 알게 된 사람과 그 후에도 계속 그런 상태로 있는 것을 허용할 것, 운영내용 · 운영체제 · 주객의 관계를 고정하지 않을 것, 지역의 다양한 조직과 연계할 것, 마침 그곳에 있는 물건으로 직접 만들어 갈 것 등이 그것이다. 세 커뮤니티 카페의 운영을 뒷받침하고 있는 이러한 생각은 다양한 사람들이 장소의 주인이 될 수 있도록 하는 디자인이란 어떠한 것인가, 사람들이 장소의 주인과 자연스럽게 접할 수 있는 디자인이란 어떠한 것인가라는 물음에 큰 힌트가 될 것이다.

■ 맺음말

(건축계획학) 전문가가 아닌 '비전문가'에 의한 커뮤니티 카페는 지역사람들에게 있어서 다양한 의미를 갖는다. 앞에서 언급했듯이 커뮤니티 카페에서는 사람들에 대한 배려와 관심을 바탕으로 보살펴준다는 의미에서의 케어가 이루어지고 있다고 언급했는데, 케어라는 말은 돌봄, 유지 관리라는 의미도 포함한다.

향후 지역에서는 제로상태에서부터 무언가를 만들어내는 디자인과 더불어 재구축 restructuring, 즉, 현재 존재하고 있는 것을 재편성하는 디자인이 점점 더 중요해질 것이다. 기존의 스톡을 활용하거나 지역사람들 및 기존의 조직을 연결하는 방식으로 물리적 · 사회적 배려 및 유지관리(즉, 케어)를 실천하는 커뮤니티 카페는 사람들의 생활무대인 지역 그 자체를 재구축하고 있다고 할 수 있다. 이러한 의미에서 커뮤니티 카페의 운영은 환경디자인이라는 말과도 일맥상통한다.

커뮤니티 카페는 장소의 주인의 존재를 빼놓고서는 그 장소를 이야기할 수 없다는 의미에서, 또 '사람에 따라 각기 다른'[43] 호스피탈리티가 이루어지고 있다는 의미에서, 지금까지 천편일률적인 것을 지향해오던 공공시설과는 다르다. 천편일률적인 것을 목표로 한다는 것은 퍼블릭한 것을 단편적으로 받아들이는 것에 지나지 않는다. 이에 대해 야마모토山本는 '공공적인 것'과 '공적(퍼블릭)인 것'을 구별해서, 사적인 것을 없애버리려고 하는 것이 '공공적인 것'임에 반해 '공적인 것은 사적인 것을 인정하는 상태'라고 지적하고 있다[43]. 이에 따르면 커뮤니티 카페는 그때그때의 상황에 맞게 방문객이나 일어나는 일들에 대응하고 있다는 점에서 천편일률적이라고 할 수 없으며, 따라서 커뮤니티 카페는 퍼블릭한 장소라고 할 수 있을 것이다. 이러한 의미에서 커뮤니티 카페는 지역에 있어서 퍼블릭한 장소가 어떻게 해서 생겨나게 되는지 다시 한 번 생각하게 한다.

타나카 야스히로(田中康裕)

03

디자인 방법과 환경행동

1 드로잉과 환경디자인

건축설계교육은 도제제적徒弟制的 학습법이 짙게 남아있는 대표적인 교육 분야로 여겨지고 있다[1]. '배움'보다는 '몸에 익힘', 즉 먼저 배운 후에 그것을 실천하는 것이 아니라 실천하면서 배운다고 하는 교육이다. 실기를 수련함에 있어서는 이러한 도제제적 학습법을 중시하는 것이 이치에 맞는 일이라고도 여겨진다[2,3]. 또한 실제 프로젝트에 참여하여 배우는 도제제徒弟制와 같이 가능한 한 실제적인 프로젝트 정보를 설계교육에 도입함으로써 '몸에 익힘'을 위한 더 많은 실마리를 찾는 방안도 강구해왔다[4].

그러나 학생 전체가 일률적으로 교육을 받게 되는 학교 교육에서는 도제제와 달리, 기술을 '훔치는' 대상이 되는 선배나 스승이 학생들과 작업을 늘 함께 할 수 있는 것은 아니다. 그렇기 때문에 기초능력을 가지고 있는가에 대해 파악할 수 있는, 그와 동시에 설계가 자신에게 맞다고 생각하는 사람이나 그렇지 않은 사람도 전문가가 어떠한 스킬을 획득해 가는가를 이해할 수 있는 그러한 지식과 사고의 경험을 제공할 수 있는 방법이 요구된다.

건축가를 비롯한 다양한 사람들의 설계 프로세스를 관찰 · 조사 · 비교 검토함으로써 선배나 스승의 작업을 이미지화할 수 있고, 자신이 획득한 스킬을 이해함으로써 그에 대한 경외심을 가질 수 있게 된다. 나아가 건축주 · 기술자 등을 포함한 비건축전문가가 건축가의 능력을 제대로 이해할 수 있게 되어 서로 존경심을 갖고 일을 진행하는 데에도 도움이 될 것이다.

저명한 건축가의 설계과정을 그 과정에서 그려진 드로잉을 바탕으로 분석하는 연구는 그를 통해 새로운 디자인을 위한 힌트를 얻을 수 있다는 점에서 의미가 있으며, 동시에 앞서 언급한 바와 같이 교육 및 경험의 공유라는 점에서도 의미가 있다. 이러한 예리한 감성을 바탕으로 한 드로잉에 관한 연구들은 저명한 건축가의 설계에 대한 깊은 이해를 도와준다. 그럼에도 불구하고 그들의 드로잉 한 장 한 장이 어떠한 사고를 바탕으로 그려졌는지, 그 작성과정의 대부분은 아직도 블랙박스 안에 있다.

여기에서는 건축가를 포함한 다양한 사람들의 설계 프로세스를 관찰함으로써 디자인이 어떠한 사고인가에 대해 분석해 보고자 한다. 이는 디자인 스킬을 이해하는 데 큰 도움이 될 것이다.

* '설계'는 본래 design을 번역한 말이다. 여기에서는 각각의 사례에 대해서는 설계라는 용어를 사용하고, design 사고로서의 내용을 논의할 때에는 디자인이라는 용어를 사용하는 것으로 한다.

■ 디자인 사고 프로세스를 해명하려는 시도

디자인이 어떠한 사고인가라는 문제에 흥미를 가져온 것은 단지 건축가나 엔지니어뿐만이 아니다. 심리학자, 특히 인지심리학 연구자들도 일찍이 디자인 사고를 과학적으로 해명하고 모델화하려는 노력을 해왔다. 이는 '문제해결' 및 '창조'에 대한 사고 프로세스를 해명하는 형태로 이루어졌다[5]. 이와 함께 건축학 연구자들 사이에서도 설계방법론 연구가 왕성하게 이루어졌는데, 이는 심리학 등의 분야에서 이뤄낸 성과와 무관하지 않다.

1) 문제해결로서의 디자인

디자인 프로세스가 주목받게 된 것은 1950년대 이후의 일이다. 인공물의 생산방법이 변화되고 인공물에 관한 사회적 요구가 복잡해짐에 따라, 건축 및 공업디자인 등 많은 설계분야에서 전통적 설계수법으로는 충분히 대응할 수 없다는 의식이 생겨났다. 이러한 설계방법에 대한 변혁의 요구와 함께, 당시 NASA의 프로젝트와 미국 군사 관련 연구를 이끌고 있던 시스템즈 어프로치 systems approach의 영향으로 많은 설계 관련 분야에서 디자인 프로세스 모델에 대한 탐구가 시작되었다[6,7]. 그로부터 프로젝트 및 설계의 진행은 관련된 모든 조건을 밝혀 서열을 정한 후, 그에 대한 최적의 해를 도출·종합하는 일련의 과학적 문제해결이라고 여기게 되었다(예를 들면, C. Alexander, 1964[8] 등).

이후 디자인 사고는 여러 단계로 나뉘게 되었다. 그 흐름은 과학적 문제해결과 같이 '여조건與條件(문제)의 분석'→ '대응하는 해(디자인 안)의 종합'을 축으로 하는 일련의 프로세스로 여겨졌으며, 그에 따라 건축설계의 순서를 나타내는 모델이 지침으로서 나타나게 되었다[9,10].

한편, 건축설계 프로세스가 과학적 문제해결과 동일한 문제해결 모델로 파악될 수 있는가에 대한 실증적 논의도 생겨나게 되었다. 그러나 건축설계도 많은 다른 인공물의 디자인과 마찬가지로 기능제반문제 · 형태의 안정성 등의 문제를 정리 · 해결하여 실물(해)을 만들어간다는 의미에서 볼 때, 일종의 문제해결행동으로 파악될 수 있을 것이다.

대지나 필요 공간 등을 설계조건으로 한 과제를 받아 설계안을 그에 대한 답으로서 제시하는 대학에서의 건축설계제도 수업을 돌이켜보더라도 우선 여조건을 충분히 파악 · 분석한 후에 그에 대응하는 해를 종합한다고 하는 프로세스는 보편화된 사실이며 합리적이라고 여겨진다. 또한 좋은 설계안은 여조건에 잘 대응하고 있는 것처럼 보이며, 사전에 여조건을 잘 분석했다고도 말할 수 있다. 이에 관해서 설계방법론 연구자들과 인지심리학에서 건축디자인을 다루는 연구자들도 같은 생각을 갖고 있었으며, 그들은 실제 설계 프로세스에서 그러한 사고의 흐름을 찾아내고자 했다.

2) 상상imagination을 표현하는 디자인

그러나 일련의 검증작업을 하는 과정에서 과연 분석→종합이라고 하는 흐름이 실제 설계 프로세스의 흐름을 정확하게 설명할 수 있을까라는 의문을 갖게 되었다.

건축설계 프로세스를 대상으로 한 것은 아니지만, 로손B.R. Lawson은 건축학과 졸업반 학생과 같은 학년 이학부 학생을 대상으로 입체도형과 관련한 문제해결수법을 비교 실험하였다. 그 결과 디자인 사고 프로세스 모델이 일반과학에서의 문제해결 프로세스 모델과 다를 수 있다는 사실을 알게 되었다[11]. 실험내용은 색으로 구분된 8종류의 블록 중에서 몇 개를 선택해 장방형을 구성하는 것으로, 네 면에 가능한 한 같은 색이 오도록 블록을 조합하는 것이다(그림 3.1).

이학부 학생은 우선 8종류의 블록을 하나씩 꼼꼼히 관찰하여 어떠한 조합법이 가능한가라는 여조건의 법칙을 분석한 후, 그 분석으로부터 얻어진 지식을 바탕으로 해를 작성하였다. 한편 건축학과 학생은 우선 해에 가장 가깝다고 생각되는 조합을 작성한 후, 거기에서부터 어떤 조합법이 부적절한가라는 여조건의 법칙을 발견해갔다. 전자를 문제의 분석→해의 종합이라는 프로세스라고 한다면, 후자는 해의 생성→문제의 분석이라는 프로세스라고 할 수 있다. 이것은 '문제 중심의 어프로치'와 '해 중심의 어프로치'라고도 구분할 수 있으며, 로손의 실험은 디자인 사고가 해 중심의 사고방식임을 시사해준다[5].

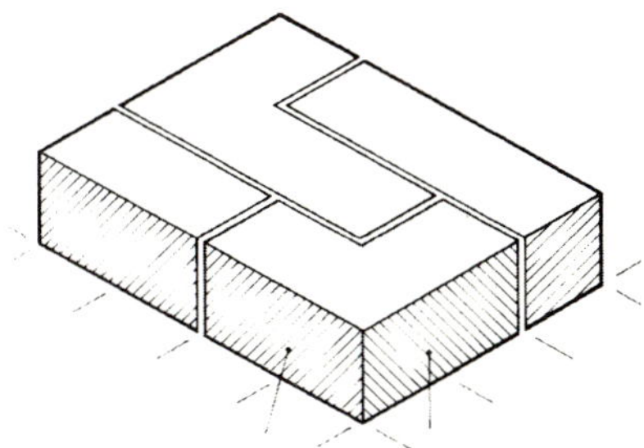

그림 3.1 Lawson의 과제

디자인이 블록을 배치하는 대신 그림으로 표현하는 것이라고 한다면 해 중심의 사고방식은 문제의 정확한 분석에 앞서 그림에 표현되는 이미지가 선행될 것이다. 즉, 디자인 사고 프로세스가 문제의 분석→해의 종합이라는 기존의 일반과학의 문제해결 사고 프로세스와 다른 점은 상상 imagination(머리에 떠오르는 형상)의 작용에 있다. 로손의 실험에서 건축학과 학생의 문제해결 모델은 상상→조작(실제 블록의 조합)→문제의 분석 · 파악(블록 조합 법칙의 파악)으로 생각할 수 있다. 디자인 문제해결 과정에 상상이 관련되어 있다고 생각하는 것은 창조적 · 예술적 사고와 상상을 연결하고자 하는 창조성 연구의 주장과도 부합하는 것이다.

설계자가 어떠한 생각으로 설계를 했는지에 관한 실제 건축설계 프로세스 조사에서도 같은 결론을 얻었다. J. Darke의 보고에 따르면 완성된 집합주택에 대해 설계 시 어떠한 진행방법을 거쳐 결과물을 얻게 되었는지를 물어보는 인터뷰에서 설계자들은 여조건을 분석하기 전에 우선 해로 이어지는 아이디어가 있었다고 했다[12]. 이는 디자인 프로세스를 생성요소(문제를 좁혀 들어가는 중요한 아이디어의 생성)→추론(그에 근거한 대강의 해의 전개)→분석(문제에 대해 새롭게 알게 된 사실의 분석)이라는 모델로 나타낼 수 있다. 그리고 각기 다른 세 가지 프로젝트의 진행을 장기간에 걸쳐 관찰·인터뷰한 보다 자세한 연구에서도 같은 결과를 얻을 수 있었다[13]. 이 연구에서도 건축가는 설계의 처음 단계에서 이미 기본구성 원칙을 가지고 작업을 시작한다는 사실을 알 수 있었다.

디자인 사고는 상상의 표현인가

여기에서는 건축설계에 있어서 디자인 사고가 상상→해의 생성(블록을 조합하는 것이나 그림의 묘사)→문제의 분석(이유의 검증)이라는 모델로 표현될 수 있는가, 즉, Lawson의 모델이 시사하는 것처럼 디자인 사고가 상상을 표현하는 것이라고 말할 수 있는가에 대해 검증해 보고자 한다[14].

또한 '디자인을 할 때 정말로 그렇게 생각하고 있었는가'를 알아보기 위해 검증자료로서 사후 결과나 인터뷰가 아닌 실제 건축설계로부터 얻을 수 있는 정보를 사용하는 것으로 한다. 이는 건축가의 설계 프로세스와 관련하여 작업 후의 자기관찰 보고와 실제 작업경과를 나타내는 도면 사이에 종종 설계자 본인조차 지각하지 못하는 모순이 존재할 수 있기 때문이다[15]. 상세한 인터뷰나 관찰조사 등으로 이러한 사후 자기관찰 보고를 보강함으로써 프로세스에 대해 타당하게 설명하고 있는지, 설명에 모순이나 빠진 부분은 없는지 항상 주의 깊게 확인하는 작업이 요구된다. 그럼에도 불구하고 사후 자기관찰 보고를 근거로 하는 수법에서는 결과의 신뢰성이 관찰자의 역량에 의해 크게 좌우된다고 할 수밖에 없다. 사고 프로세스를 보다 자세하게 관찰하기 위해 동시적 발화發話를 이용하는 프로토콜 분석은 이러한 점을 개선하는 방법 중 하나이다.

■ 디자인 사고 분석방법 – 동시적 발화發話를 이용한 프로토콜 분석

사후 자기관찰 보고가 그 신뢰도에 있어 만족할 만한 수준이 아니었음에도 불구하고 그 때까지의 사고심리학은 이에 의존할 수밖에 없었다. 이러한 사실에 대하여 일부 심리학 연구자들은 생각하고 있는 것을 '소리 내어 말하는' 發話 가운데 문제를 해결할 수 있지 않을까라고 생각했다. 이에 에릭슨 K. A. Ericsson과 사이먼 H. A. Simon은 문제를 해결할 때 '소리 내어 생각' think aloud하게 하고 그 기록을 분석하는 수법을 제안하였다. 이를 통하여 사고내용을 상당히 정확하게 표현할 수 있게 되었다[16]. 이 수법은 동시적 발화에 의한 프로토콜(발화기록) 분석(좁은 의미의 프로토콜 분석)이라고 불리는 것으로, 인간의 사고를 정보처리의 일종으로 파악하려고 하는 인지심리학 연구를 추진하는 힘이 되었다.

1) 프로토콜 분석을 환경디자인에 적용한 예

처음으로 프로토콜 분석을 환경디자인에 응용한 C. M. Eastman은 정보처리심리학의 틀을 이용해 환경디자인의 문제해결 프로세스를 파악할 수 있음을 제시하고자 했다[17]. Eastman은 실무경력 7년의 공업디자이너에게 욕실 레이아웃 개선안을 설계하도록 하고, 설계작업 시 발화 프로토콜 분석을 실시했다. 그 결과 설계자는 문제에 적혀있지 않은 정보(설계자의 가치관이나 경험 등)를 의도적으로 도입하여 문제의 범위를 한정하고, 동시에 해의 범위를 좁혀 간다는 사실이 밝혀졌다. 다시 말해 디자인 사고에는 문제의 분석 범주에 들어있지 않은, 해의 생성을 위한 사고가 포함되어 있다는 것이다.

또한 아킨 Ö.Akin을 비롯한 연구자들은 한층 더 복잡한 건축설계 과제를 프로토콜 분석의 대상으로 하는 실험을 수행했다[18]. Eastman의 실험과 마찬가지로, Akin은 맹인 교사를 위한 단독주택 설계를 과제로 한 건축가의 프로토콜 분석에서 건축가가 과제 해결에 있어서 문제의 범위를 한정하고 있음을 지적했다. 이러한 연구는 발화 기록의 일부를 통해 문제해결행동의 흐름을 파악하는 경험론적 연구방법의 한 예라고 할 수 있다.

한편, 에커슬리M. Eckersley는 프로토콜에 나타나는 사고 프로세스를 수치적·통계적으로도 분석할 수 있다는 가능성을 제시했다[19]. 발화내용을 의미단위로 분절하고, 분절된 각각의 발화단위를 분류하는 모델을 제안한 후, 디자인 문제해결 시 발화 프로토콜에 이를 적용하여 코드화하고 표시·집계·분석한다는 것이다.

2) 발화發話 분류코드를 이용한 프로토콜 분석

표 3.1은 Eckersley가 이용한 발화 타입의 분류를 나타낸 것으로, 8종류의 행동을 나타내는 발화 타입에 기타(N) 항목이 추가되어 총 9가지 코드로 구성되어 있다. 8종류는 크게 세 개의 그룹으로 나눌 수 있다. 제1그룹 LC, PC, SE는 문제의 상황을 파악·분석하는 행동이다. LC, PC는 문제로서 제시되는 문장을 파악·분석하는 행동을 나타내며, SE는 그 문장에서 부족한 정보를 실험자로부터 유도해내는 행동이다. 제2그룹 IN, MO, IP는 파악한 문제에 따라 그때까지는 없었던 해(또는 해의 일부)를 제공하고자 하는 행동을 나타낸다. IN은 해(또는 해의 일부)를 떠올리는 것을 나타내며, MO는 구체적인 드로잉 작업을 나타낸다. IP는 복수의 IN과 MO의 연결에 대한 계획을 나타낸다. 제3그룹 SA, GA는 얻어진 해에 대한 평가를 나타내는데, SA는 특정 부분의 평가를, GA는 일반적 평가를 나타낸다. 이들 요소는 지금까지 논의되어 온 문제해결행동의 사고 프로세스 모델에 따른 것이다.

Eckersley는 이러한 8가지 발화 타입을 이용해 두 명의 전문가를 포함한 피험자들의 설계 프로세스를 거의 완전히 코드화할 수 있었다(N은 거의 나타나지 않았다). 그 결과 전문가와 비전문가의 설계 프로세스에 전략적 차이가 있을 수 있다는 사실을 알게 되었다. 비전문가의 경우에는 설계 프로세스 전반에 걸쳐 코드가 고르게 분포되어 있었다. 그러나 전문가 두 명 중 적어도 한 명에 대해서는 설계 프로세스 초반에는 제1그룹(문제의 분석 관계)의 코드가 많이 나타났으며, 후반에는 제3그룹(평가 관계)의 코드가 조금 많이 나타났다. 이러한 결과는 분석→해의 생성→평가모델이라는 과정이 어느 정도 신뢰성이 있다는 것을 암시해 주지만 충분히 실증된 것은 아니다. 여기에서는 분석(LC, PC, SE)이 먼저인가, 상상(IN, MO)이 먼저인가에 대해 결

표 3.1 발화 타입의 분류와 코드[19)]

코드	발화 타입	내 용
LC	문자 그대로 카피(Literal copy)	문제로 제시되는 문장의 정확한 또는 거의 정확한 카피
PC	바꿔 말하기 카피(Paraphrased copy)	문제로 제시되는 문장의 기본적 내용에 대한 발화. 해석
IN	추론(Inference)	상위에 위치하는 결론 · 가설 · 제안 · 정당화로, 문제 문장에는 주어지지 않고 문제해결자에 의해 만들어진 것
IP	의도/계획(Intention/Plan)	문제 또는 문제의 일부와 관련해서 어떤 의도적 행위의 순서를 정했음을 나타내는 발화
MO	동작(Move)	배열요소의 실제 움직임을 나타내는 발화
SE	정보수집(Search)	문제 또는 문제의 어느 부분에 대응하기 전에 정보를 수집할 필요가 있음을 나타내는 (질문형이 많음) 발화
SA	특정대상의 평가(Specific assessment)	제도판 상에서의 1~3개의 배열요소 구성에 관련된 평가, 비교 또는 가치판정
GA	일반적 평가(General assessment)	오피스 레이아웃 일반에 관련된 평가, 비교 또는 가치판정
N	기타(None of the above)	상기 카테고리에 해당하지 않는 발화

론을 내리는 것은 보류해 두기로 한다. 그보다는 '주어진 과제를 읽고', '해석한다', '부족한 정보가 있으면 질문한다', '방침을 정하고', '해(또는 해의 일부)를 가정한다', '도면상에서 요소를 바꿔 그려본다', '그려진 부분의 좋고 나쁨을 요건에 비추어 평가한다', '일반적인 가치관과 비교해 전체적 평가를 내린다'의 경우와, 때로는 우선 '방침을 정하고', '해의 일부를 가정하여', '바꿔 그려보고' 그리고 나서 '주어진 과제를 해석하여', '좋고 나쁨을 평가한다'는 한정된 행동단위의 연속으로서 전체 설계 프로세스를 표현할 수 있었다는 점에 오히려 주목하고 싶다. 이러한 설계 프로세스가 과거의 문제해결 사고모델에 따른 요소로서 표현될 수 있게 된 것이다.

Eckersley가 이용한 문제는 J. M. Caroll 등의 공정표 작성 문제[20)]를 그리드 내의 오피스 레이아웃 문제에 그대로 옮겨 놓은 것으로(그림 3.2), 말하자면 정리된 다이어그램을 작성하는 것과 같은 문제였다. 다음 항에서는 기하형태의 구성방법에 대해 고민하는 실제 설계과제와 도면 처리에 더욱 중점을 둔 설계과제, 이들 두 과제에 수반되는 프로토콜에 동일한 분석 모델을 적용하면 어떻게 될 것인가에 대해 검토해 보고자 한다.

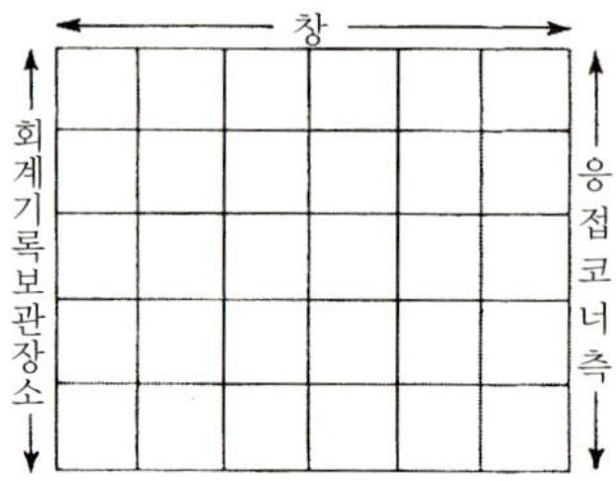

B는 D보다 빈번하게 회계기록을 사용한다.
E는 G보다 빈번하게 응접코너에서 접객한다.
A는 C보다 빈번하게 응접코너에서 접객한다.
F는 E보다 빈번하게 회계기록을 사용한다.
D는 G보다 빈번하게 응접코너에서 접객한다.
C는 F보다 빈번하게 회계기록을 사용한다.

A는 B와 옆자리에 있지 않는 편이 좋다.
F는 A와 옆자리에 있는 편이 좋다.
B는 G와 옆자리에 있지 않는 편이 좋다.
C는 D와 옆자리에 있는 편이 좋다.
E는 B와 옆자리에 있지 않는 편이 좋다.
G는 F와 옆자리에 있는 편이 좋다.

그림의 상하방향 통로는 가능한 한 적게.

F는 B보다 지위가 높다.
C는 B만큼 지위가 높지 않다.
G는 C보다 지위가 높다.
D는 F만큼 지위가 높지 않다.
E는 G보다 지위가 높다.
A는 D만큼 지위가 높지 않다.

그림 3.2 Eckersley의 과제

건축가의 디자인 프로세스 실험관찰

다음의 실험관찰에서는 Eckersley의 프로토콜 분석수법을 적용하였다. 실험내용은 건축가에게 실제 설계에 보다 근접한 건축 과제를 제시하고 그것을 풀게 한 뒤, 그 과정에 대한 프로토콜을 데이터화하여 데이터 간에 나타나는 차이를 비교하는 것이다.

1) 실험 개요

① 실험 과제

피험자에게 그림 3.3과 같은 과제가 주어졌다.

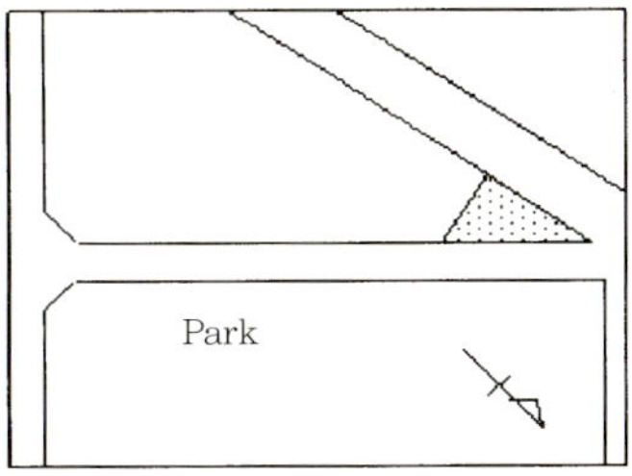

Site

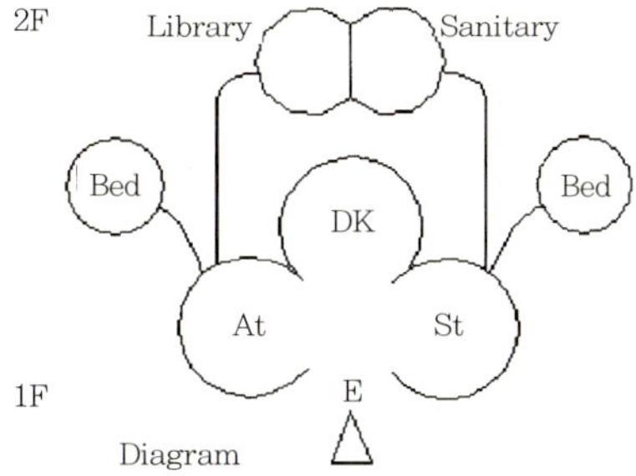

Diagram

부지는 주택지에 있으며, 공도로와 사도로 사이에 끼어 있다. 북측에는 공원이 있으며 나무가 무성하다. 부부는 화가와 음악가로 둘만 생활하고 있다. 따라서 보통 주택기능 외에 아틀리에와 스튜디오가 필요하다.

요구 공간

1 화가 아틀리에	40~60㎡
2 음악가 스튜디오	30~50㎡
3 침실(코너에 있어도 됨)	10㎡×2
4 식당, 주방	15㎡
5 도서실(코너에 있어도 됨)	10㎡
6 화장실	10㎡

요구 도면(2, 3, 4는 필요에 따라)

1 1F, 2F 평면도
2 입면도
3 단면도
4 액소노메트릭 또는 스케치

시공주로부터 설계에 관해 이하의 요구가 있었다. 작업 중에 소음 등으로 신경 쓰이지 않도록 아틀리에와 스튜디오는 다이닝키친을 중심으로 좌우에 나누어 배치하고, 엔트런스에서 그 3개의 방으로 직접 들어갈 수 있게 한다.
2층에는 도서코너와 화장실을 설치하고 작업 중 이용이 번거롭지 않게 스튜디오, 아틀리에 어디에서나 어프로치가 가능하도록 각각 전용 계단을 설치한다.
또 침실도 아틀리에, 스튜디오 양쪽에 각각 1개씩 있었으면 좋겠다. 이 때 완전한 방이 아니더라도 괜찮지만, 손님이 있을 때 등 프라이버시를 지킬 수 있을 정도의 배려가 있으면 좋겠고, 1층이나 2층 어느 쪽에 있어도 상관없다.
접객은 각 작업장에서 할 수 있으면 좋겠다. 특별히 거실은 필요 없다.
부지 내에 있는 소나무는 꼭 살려줬으면 좋겠다.
배치관계에 관한 희망을 블록다이어그램에서 표시해두겠다. 이 조건 및 기능도를 최우선으로 해서 설계해줬으면 좋겠다. 이 때 공간표현, 형태는 자유롭게 생각해도 상관없다.

그림 3.3 실험에 이용한 과제

Eckersley의 과제가 Caroll 등의 공정관리표에서 유래한 것이지만, 이 실험에서 제시된 과제에서는 실제 건축작품으로부터 과제의 여조건을 작성했다. 르 코르뷔지에가 설계한 테르니지안 저택이 그 소재이다. 여조건으로는 각각 크기가 정해져 있는 필요 공간이 엔트런스를 포함하여 8개가 지정되었다. Eckersley 연구에서의 7인 오피스와 거의 같은 수의 배열요소가 정해졌다. 또한 Eckersley의 과제는 요소 간에 요구되는 배열조건이 단편적인 형태로 복잡하게 얽혀 있다(그림 3.2). 그 때문에 한 번 보는 것만으로는 파악하기 어렵다. '저것이 성립되면 이것이 성립되지 않는' 모순을 가진 '짓궂은 문제' wicked problem인 것이다. 그러나 이번 과제는 동선과 필요공간의 연관성이 그림과 함께 제시되어 있으며 조건문에는 모순이 없다. 형태조건을 보면 일정한 그리드 상에 배열하는 것으로, 한정된 상태에서 적절하다고 생각되는 배열을 선택하는 문제이다. 또한 정형화된 규칙이 없다. 대지는 삼각형의 특수한 형상으로 중앙 부근에 있는 수목을 남겨둬야 한다는 조건의 범위 내라면 어떻게 변형해도 좋다.

Eckersley 문제와 마찬가지로, 이 과제에는 해로서 성립하는 배열이 다수 존재한다. 또한 설계자가 해를 작성함에 있어서 실제 설계에서처럼 문장으로 명시되어 있지 않은 많은 요소들(각 부분의 재질이나 각각의 방에 들어가는 가구 등)을 다룬다는 점이 특징적이다. 한편, 피험자의 경험적 지식을 바탕으로 해의 평가조건을 새롭게 추가할 수도 있다. Eckersley의 과제가 해의 작성요건이 '명문화되어 정의 내려진 문제'라고 한다면, 이번 설계과제는 해 작성에 필요한 조건 전체에 대하여 '명문화된 정의가 적은 문제' ill-structured problem라고 할 수 있다.

② 설계 프로세스와 결과의 개요

본 실험에서는 실무경력 약 5년 정도의 건축가 3명을 피험자로 하였다(이하 P1, P2, P3). 현재 3명(P1, P2, P3) 모두 개인적으로 설계활동을 하고 있으며, 건축 미디어에 작품을 다수 발표하여 각종 상을 수상한 바 있다. 피험자가 1/100 스케일의 대지도 위에 설계를 진행하는 가운데, VTR에 드로잉과 음성을 기록하는 것으로 실험이 시작되었다.

그림 3.4는 각 피험자가 설계 중에 그린 도면 매수와 설계 결과의 프레젠테이션 내용을 나타낸 것이다. 각 피험자 모두 배열조건을 만족시키고 있으나, 어떠한 방식으로 대지 안에 필요 공간을 넣고, 어떠한 방식으로 외부공간을 확보하는가라는 형태조건에 대한 결과물(패턴)은 각기 다르다. 또한 P2, P3는 기본적으로 한 가지 패턴을 가지고 설계를 진행하여 최종안에 이른데 반해, P1은 제1패턴을 검토한 후에 전혀 다른 제2패턴을 작성하여 최종안에 도달했다. 또한 그린 도면의 매수를 살펴보면 이러한 프로세스의 차이가 드로잉 양의 차이를 만든다는 것을 알 수 있다.

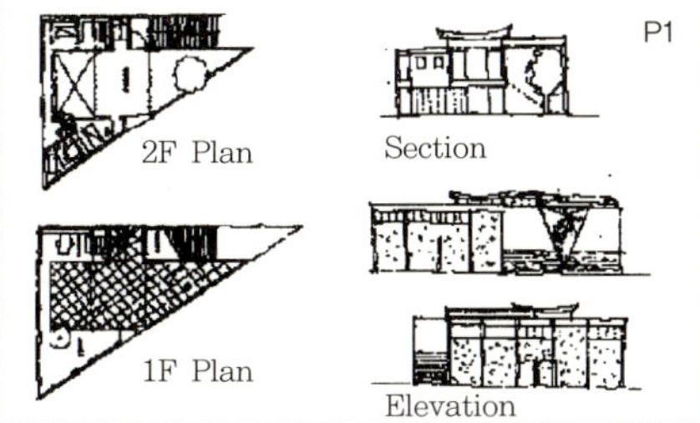

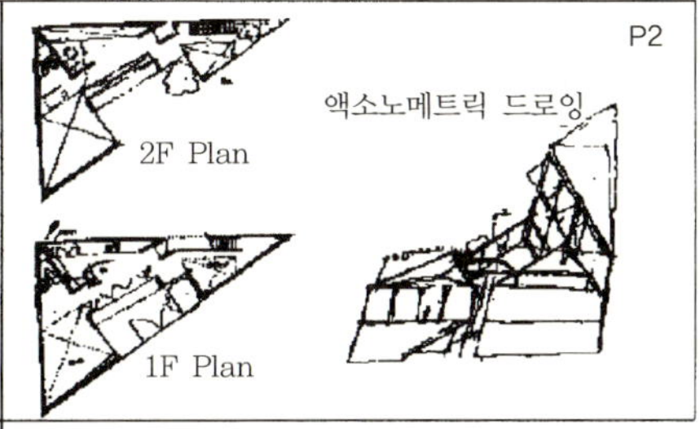

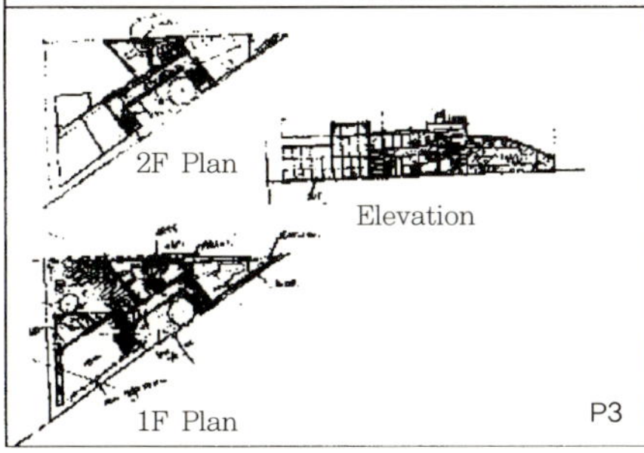

종류별 도면 매수

	SESSION									PRESENTATION			
	1/100					NON-SCALE				1/100			
	PL	ELEV	SEC	AX	N.A	PL	ELEV/SEC	AX	DE	PL	ELEV	SEC	N.A.
P1	7	3			1	16	6	3		2	2	2	
P2	3	1		1	3	1		2	2	2			1
P3	4					2				2	1		

- PL: 평면도, ELEV: 입면도, SEC: 단면도, AX: 액소노메트릭, DE: 상세도, N.A.: 그리드도, 블록도 등
- SESSION 중의 도면은 도중에 버린 것도 1장으로 한다.
- 동일한 지면상이라도 확실히 불연속인 것은 별도로 센다. 예: 평면도와 그 옆에 그려진 모식도 등
- SESSION 중에 1F, 2F을 1장으로 겹쳐 그린 것은 1장으로 본다.

그림 3.4 세 명의 건축가에 의한 설계 결과(종류별 도면 매수 및 최종도면)

표 3.2는 설계 완료에 이르기까지 소요된 시간이다. 각 피험자는 몇 분 정도의 시간을 소요해서 설계 과제를 파악한 후 그리기 시작했다. 프레젠테이션 작업에 들어가기 전까지 설계에 집중한 실질적인 시간(세션)은 대략 70분 전후로, 종료 기준시간 90분에 대해 거의 동일한 시간배분으로 작업을 수행했음을 알 수 있다.

표 3.2 설계종료까지의 시간배분

SUBJECT	TOTAL	PRE-SESSION	SESSION	PRESENTATION
P1	2h 10min	0h 06min	1h 18min	0h 46min
P2	1h 21min	–	1h 07min	0h 14min
P3	1h 41min	0h07min	1h 11min	0h 22min

* SESSION은 그리기 시작해서 프레젠테이션 · 드로잉 작성 개시까지로 한다.

③ 프로토콜 데이터 작성 순서

분석의 준비로서 ㉠ 피험자 3명의 발화기록을 각각의 의미 내용별로

리 · 구분하여 표시한다(의미단위 덩어리 chunk 표시), ㉡ 기록된 VTR을 미리 본 판정자 3명이 각자 발화기록을 읽고, 의미단위 덩어리마다 발화 타입을 판정하여 코드를 붙인다, ㉢ 3명의 판정을 조합하여 다수(2명 이상)의 의견에 따라 의미단위 덩어리 코드를 결정하는 작업순서로 데이터를 작성하였다(표 3.3 참조). 90% 이상의 의미단위 덩어리가 2명 이상의 판정과 일치했기 때문에 판정은 신뢰할 수 있다고 말할 수 있다.

2) 발화 타입 데이터의 특징

① 실험을 통해 얻은 발화 타입 데이터의 특징

표 3.4는 세션(프레젠테이션 도면 작성시간을 제외한 실질적 설계시간) 중에 얻은 각 피험자의 발화량을 발화 타입별로 집계하여 Eckersley의 데이터와 대조시킨 것이다. P1은 IN이 많고, P3는 MO가 많다. 또한 P2는 양자의 중간으로 IN과 MO가 많은 것을 알 수 있다. 역으로 이번 실험에서 LC, PC, GA는 어느 피험자의 경우에도 적다. LC, PC가 적은 것은 과제로 제시된 문장이 단순 명료하여 몇 번을 반복하여 읽거나 해석을 추가할 필요가 없었기 때문이라고 생각된다. 이들 3명의 건축가의 전반적인 발화 경향은 각기 다르지만(유의수준 5%), 공통적으로 N이 매우 많다(25~33%)는 것을 한눈에 알 수 있다. 그렇다면 Eckersley는 어떠했을까?

② Eckersley 발화 타입 데이터의 특징

Eckersley는 5명의 피험자에 대하여 실험을 수행하였다. 이번 실험은 건축가를 대상으로 한 실험이었기 때문에 비전문가 카테고리에 해당하는 학생 3명의 데이터는 제외시켰고, 전문가 카테고리에 해당하는 실무경력이 있는 인테리어 디자이너 2명의 실험결과(S2e, S3e)만을 비교대상으로 채택하였다. S2e, S3e의 경우 공통적으로 LC, PC, SA가 많았고(19~29%), SE는 적었으며 N은 거의 없었다(0~0.3%). 이것은 이번 실험결과와 비교했을 때 현저히 다른 점이기도 하다.

표 3.3 프로토콜 데이터

TIME STAMP	PROTOCOL	CODE
1:17:22	2층은 여기에서 가로질러 있으니까…	N(EX*)
1:17:29	도서실이 어딘가로 가버린 건가…	N(EX*)
1:17:32	이게 아틀리에	MO
1:17:39	이건 테라스	MO
1:17:44	침실이 2개니까, 여기랑 여기	MO
1:17:49	여기서부터 올라오니까, 만약에, 여기에 와서…	IN(IND*)
1:17:54	도서실이 이건 없네…	N(EX*)
1:17:59	이건 아래로 크게 열려서…	MO
1:18:06	여긴 좁다…	SA
1:18:13	…더 이상 여기는 필요 없다	IP
1:18:18	여기 아주 좋은걸. 10㎡ 정도니까	IN
1:18:27	…테라스, 이거 딱 좋은 것 같아.	SA
1:18:37	화장실 있었지? +A	SE
1:18:44	두 침실로부터 갈 수 없으면 안 되는 거지? +A	SE
1:19:00	어렵게 되어버렸다	GA
1:19:09	이거, 완성 못하면 안 되는 거지? +A	SE
1:19:13	하나도 완성 못하면	N
1:19:20	이거 참고가 될까? +A	N
	어렵다	GA
1:19:42	각 침실로부터 화장실에 갈 수 없으면 안 된다고 하는데	LC
1:19:51	그건 침실을 여기로 하면 돼	IN(IND*)
1:20:00	침실과 이곳을 여기에서 연결하는 거야. 화장실이랑	MO
1:20:05	도서실은 여기	MO
1:20:09	여기에 계단이 나와 있어	N(EX*)
1:20:13	통로가 있고, 화장실	MO
1:20:16	여기에서 화장실에 갈 때는 이렇게 가지 않으면 안 돼	N(EX*)
1:20:20	그러면, 좀…	SA
1:20:25	도서실도 양쪽에서 갈 수 없으면 안 되는 거지? 아마도	SE
1:20:31	이거랑 이게 별개라는 것이 특징이지	IN
1:20:39	그러니까 이게 화장실, 이게 침실, 이게 도서실이라고 하면	MO
1:20:46	이게 스튜디오 측이고 이게 아틀리에 측이라고 하면	MO
1:20:51	어딘가 올라와서, 이건 화장실이고, 여기랑 여기는 갈 수 있고	N(EX*)
1:21:00	…도서실에도 갈 수 있고	N(EX*)
1:21:04	이게 아틀리에니까 아틀리에부터 화장실로도 여기로도 갈 수 있고	N(EX*)
1:21:16	…그러니까 갈 수 있는 거니까, 그걸로 괜찮아	SA
1:21:20	그건 그렇고 이건 어떻게 할까?	IP

가운데 부분은 프로토콜을 의미단위 덩어리 chunk로 분절해서 표시한 것임. 시간은 개시부터의 시간. 우측은 그에 대해 이후에 판정된 코드를 추가한 것임.
+A는 실험자가 이어서 간략하게 회답한 것을 표시한 것임. (*)는 나중에 언급하는 이유에 의해 추가된 분류 코드에 의한 분류를 나타낸 것임.

표 3.4 발화 타입별 발화량(하단%)

	LC	PC	SE	IP	SA	GA	IN	MO	N	SUM
P1	3	10	10	53	46	13	101	71	102	409
	(0.7)	(2.4)	(2.4)	(13.0)	(11.2)	(3.2)	(24.7)	(17.4)	(24.9)	(100.0)
P2	4	3	23	30	46	12	71	61	86	336
	(1.2)	(0.9)	(6.8)	(8.9)	(13.7)	(3.6)	(21.1)	(18.2)	(25.6)	(100.0)
P3	15	7	9	13	26	5	47	125	124	371
	(4.0)	(1.9)	(2.4)	(3.5)	(7.0)	(1.3)	(12.7)	(33.7)	(33.4)	(100.0)
S2e*	98	101	5	14	99	25	33	17	1	393
	(24.9)	(25.7)	(1.3)	(3.6)	(25.2)	(6.4)	(8.4)	(4.3)	(0.3)	(100.0)
S3e*	124	128	5	51	192	44	48	62	0	659
	(18.8)	(19.4)	(0.8)	(7.7)	(29.1)	(6.7)	(7.3)	(9.4)	(0.0)	(100.0)

*가 붙어 있는 데이터는 문헌 19)에서 인용한 것임.

Eckersley의 과제에서 제시되는 문장은 한번 읽는 것만으로는 그것이 지시하는 전체 구조를 알 수 없다. 그렇게 때문에 읽고 해석하는 데에 상당한 사고를 요한다. PC, LC가 현저히 많은 것은 그것을 반영한 결과라고 사료된다. 또한 SE가 적은 것은 설계자가 질문할 필요성을 느끼지 않았기 때문이며, 과제가 요구하는 요건이 충분히 명문화되어 있다는 증거라고도 생각할 수 있다. 전체 프로토콜을 살펴보면 주어진 문장을 잘 읽고(LC) 해석(PC)한 후, 얻어진 결과(해)를 과제로 제시된 문장의 요건과 대조하면서 부분적 평가(SA)를 반복해간다는 것을 알 수 있다.

3) Eckersley 실험 결과와의 비교

이상에서 살펴본 바와 같이 LC, PC, SE 수의 많고 적음은 과제로 제시되는 문장의 표현 특징과 관련이 있다고 생각된다. 그러나 과제로 제시되는 문장의 특징에 대해 논하는 것은 이 실험의 목적이 아니므로, 여기에서는 LC, PC, SE를 제외한 실질적인 문제해결의 원동력이 되었다고 생각되는 나머지 IP, SA, GA, IN, MO, N을 대상으로 하여 두 데이터군을 비교하기로 한다. 이 경우에도 5명의 전문가 데이터는 전체적으로 각기 다른 특징을 나타내고 있었으며(유의수준 5%) 완전히 동일한 분포패턴을 보이지는 않았다. 그렇다면 어느 셀의 수치를 특징으로서 파악할 수 있을까. 피험자별 의미단위 덩어리 chunk의 총수와 코드별 의미단위 덩어리의 총수가 각기 다르기 때문에 수치를 있는 그대로 보는 것만으로는 특징을 찾기가 어렵다. 그래서 표 3.5에서 보는 것처럼, 잔차분석 residual analysis을 통해 피험자별 · 코드별 총수로부터 추정되는 기대치에 대해 어느 셀의 수치가 다르게 나타나며, x^2치를 구하는데 영향을 미쳤는가를 밝혀내는 것이다. 셀의 상단은 의미단위 덩어리 수이고 하단은 조정화잔차 調整化殘差이다. 표에서는 짙은 색의 셀이 유의수준 5%로 기대치보다 높은 수치를, 옅은 색의 셀이 기대치보다 낮은 수치를 나타낸다.

표 3.5 발화데이터 비교표 (조정화잔차)

SUBJECT	IP	SA	GA	IN	MO	N	SUM
P1	53	46	13	101	71	102	386
	2.84	−6.92	−2.58	4.42	−1.32	4.04	
P2	30	46	12	71	61	86	306
	−0.095	−4.579	−1.781	2.3299	−0.398	4.30798	
P3	13	26	5	47	125	124	340
	−4.25	−8.42	−4.02	−2.52	8.18	9.00	
S2e	14	99	25	33	17	1	189
	−1.24	9.12	4.34	−0.41	−4.25	−6.97	
S3e	51	192	44	48	62	0	397
	2.22	12.18	4.75	−3.81	−2.91	−11.23	
SUM	161	409	99	300	336	313	1618

* $x^2=568.7$, $df=20$, $p<0.05$

* 상단은 의미단위 덩어리 chunk 수, 하단은 조정화잔차 (음영은 5% 유의수준으로 많고/적음을 표시한 것임)

* 진한 음영부분은 많은 경향, 옅은 음영부분은 적은 경향.

결론적으로 건축과제의 데이터군은 모두 N이 현저히 나타났으며, 반대로 Eckersley 데이터군의 경우는 N이 현저히 적게 나타났다. 그리고 Eckersley의 데이터군은 SA, GA가 많고 MO가 적다는 것이 특징적이었다.

4) Eckersley의 발화 타입 모델은 디자인 사고에 대해 설명할 수 있는가?

8가지 발화 타입 어디에도 속하지 않는 N이 현저히 많다는 것은 무엇을 의미하는가? 그것은 채용된 발화 타입만으로는 이번 설계과제 해결에 필요한 사고를 설명하는데 다소 무리가 있다는 것을 말해준다. 즉, N과 판정된 내용을 재확인하여 공통점을 찾아낸 후, 그 공통점을 새로운 발화 타입에 추가하는 작업이 필요하다. 검토 결과, [A가 여기에 있고, B가 여기에 있다……], [C에서 D로 갈 수 있다……] 등 이미 그려져 있는 부분을 가리키며 확인하는

표 3.6 추가 발화 타입 집계

SUBJECT	IN	N		
	IN*	IND*	EX*	N*
P1	101			102
	24.7%			24.9%
신분류	42	59	80	22
	10.3%	14.4%	19.6%	5.4%
P2	71			86
	21.1%			25.6%
신분류	42	29	69	17
	12.5%	8.6%	20.5%	5.1%
P3	47			124
	12.7%			33.4%
신분류	21	26	117	7
	5.7%	7.0%	31.5%	1.9%

상단은 Eckersley의 분류, 하단은 요코야마의 추가분류에 의한 변경된 수치를 표시.
각 셀에서 위의 수치는 실수, 아래의 수치는 퍼센트를 표시.

식의 발언이 상당 부분을 차지하고 있다는 사실을 알 수 있었다. 일반적으로 유사 발언인 MO는 동시에 드로잉의 진전을 수반하지만, 이 경우에는 드로잉에 대한 진전이 보이지 않는다는 점이 특징적이다. 따라서 이것을 *'EX Explanation: 자신이 그려낸(드로잉 상의) 문제 상황의 되풀이 · 이해 · 확인'* 으로 나타내기로 한다. 표 3.6의 하단은 3명의 판정자에 의한 판정결과를 나타낸 것이다. EX를 제외하면 N은 1.9~5.4%로 크게 감소하였다.

5) 드로잉에 의한 문제해결을 보여주는 발화 타입

문제해결 사고 모델에 따른 Eckersley의 발화 타입에서 문제 상황에 대한 이해는 LC뿐이며, 초기 조건인 과제 문장(또는 그 해석 PC)으로 항상 되돌아가 그에 대응하고 있는가에 대해 평가(SA)하면서 문제해결행동이 다음 단계(IN)로 진행된다고 가정하고 있다. 그러나 본 항의 프로토콜에 EX라는 새로운 발화 타입이 검출된 것은 그때까지 자신이 그려온 드로잉의 중간 상황이 다음 단계로 넘어가기 전에 다시 한 번 확인하거나 파악하는 대상이라는 것을 말해준다. 그리고 그려 넣는 요소가 증가하여 도면이 복잡해질수록 확인 · 분석 작업인 EX는 늘어날 것이다. 역으로 Eckersley의 과제를 푸는데 필요한 도면은 다이어그램에 가까운 비교적 단순한 것이었기 때문에 EX가 필요하지 않았던 것이다.

도면에 대한 이해(EX)가 필요하다는 것은 형태적으로 복잡한 과제의 문제해결행동에 있어서 도면을 그리는 도중에 발생하는 문제 상황(도면의 상태)에 대해 완전히 파악하고 있지 못함을 의미한다. 한편, 미리 도면에 대해 완전히 파악했다면, EX에서 나타나는 되풀이하여 생각하는 작업은 필요하지 않을 것이다. 그러나 도면을 제대로 파악했음에도 불구하고 EX가 필요하다는 것은 문제해결행동의 일부가 사전에 파악되었던 이미지가 아니라 드로잉 과정에 의존하고 있음을 말해준다. 즉, 이것은 '문제의 해설문에는 주어져 있지 않고 피험자가 만들어낸 상위의 가설'(IN)뿐만 아니라 피험자가 이미지화하여 만든 것이 아닌 도면의 추이에 따라 나타나는 것도 있을 수 있음을 말해 준다. EX와 함께 *'IND Inference within Drawing: 드로잉의 이해로부터 발생한 상위의 귀결 · 가설 · 정당화'*를 추가하여 IN을 재검토할 필요가 있다. 결과는 표 3.6의 하단에서 보는 것처럼, IN 중 약 과반수가 그 시점의 드로잉의 이해를 통해 발생한 추론이라고 판정되었다. '여기가 X라면, 여기에는 Y가 오게 된다……'라는 표현이 이에 해당된다.

드로잉과 디자인 사고

1) 발화 타입과 사고 모델

이상과 같은 실험 결과로부터 디자인 사고의 무엇에 대해 논의할 수 있을까?

지금까지 디자인 사고 모델은 분석(LC, PC, SE)이 먼저인가, 상상(IN, MO)이 먼저인가라는 질문을 던지고, 그에 대한 답변을 얻기 위한 수단으로서 Eckersley의 프로토콜 분석방법을 이용하여, 실제에 가까운 설계과제에서 나타나는 디자인 사고를 요소로서 나타내 보았다. 그 결과 이번 과제에서는 주어진 과제를 이해 · 분석하는 사고(LC, PC)는 거의 나타나지 않았고, 차례로 추론을 만들어내며 드로잉을 진행시켜가는 사고(IN, MO)가 나타났다. 이러한 사실만 본다면 설계는 상상이 원동력이 되어 진행된다고 말할 수 있을 것이다. 그렇다면 이미지화한 것을 외적으로 도식화함으로써 모든 것을 설명할 수 있을까?

2) 도면의 효과

건축 과제를 이용한 실험 결과에서는 Eckersley의 발화 타입 분류에 나타나 있지 않은 다른 발화 타입도 나타났다. EX와 IND가 그것이다. 이 두 타입은 IN이나 MO와 같이 지금 어느 도면에 무언가 새로운 것을 더하는 것이 아니라, 지금까지 그려온 도면에 대해 되풀이하여 생각하고 이미 그려진 것에 의해 새롭게 예정되는 부분을 발견하는 것을 의미한다. 이러한 방식으로 도면을 이해하고 그로부터 얻어진 예상이 디자인 사고에 필요하다는 것은 드로잉이 반드시 이미지화된 도면만을 통해 이루어지는 것이 아님을 말해준다. 사전에 이미지화된 것만이 필요하다면 도면을 다시 읽을 필요가 없다. 표 3.3에서도 알 수 있듯이 '(계단이) 아래의 이곳에서부터 올라오니까, 혹시 여기에 와서……'라고 도면을 읽고 나서야 비로소 아직 그려져 있지 않은 요소가 사실은 이미 예정되어 있는 것이라고 깨닫게 되는 경우(IND)도 있다.

디자인 문제해결행동은 항상 드로잉 작성 작업과 함께 이루어진다. 그것은 단순히 이미지를 외적으로 도식화하는 것만을 의미하는 것은 아니다. 해결해 가는 과정에서 발생하는 문제 상황을 일단 대상화하고 객관적으로 분석하여, 새로운 상상을 만들어내고 그것을 부가하기 위한 도구로서 필요한 것이다. 자신이 그린 도면이라고 해도 때로는 전혀 예기치 못한 도형이 그려져 있는 경우도 있고, 심지어는 그로부터 디자인이 나오는 일도 있다. 사후 인터뷰를 실시한 스와諏訪의 연구(1999)[22]는 이러한 점에 관한 흥미로운 사례를 제공하고 있다. 건축가가 미술관의 기본 컨셉을 작성할 때, 자신이 그린 도면을 관찰하는 과정에서 '예기치 못한' 비주얼적인 요소를 발견하고 그것을 바탕으로 이후의 디자인을 전혀 다른 형태로 바꿨다는 것이다. 이와 같은 일이 자주 일어나는 것은 아니지만, 건축가는 디자인하는 과정에서 드로잉을 자주 관찰·분석하고 있으며 이미지뿐만 아니라 '그려진 도면' 자체도 때로는 디자인 사고를 전개하는 힘이 되고 있다는 사실을 이상의 실험을 통해 알 수 있었다.

맺음말

이 연구의 결론을 정리하면 다음과 같다.

Eckersley(1988)에 의한 설계 프로세스의 정량적 분석을 위한 코드화 모델은 형태적 조건이 매우 복잡한 건축설계 과제에 있어서도 수정을 가하면 적용 가능한 것이었다. 즉, Eckersley의 연구는 디자인 프로세스의 연구방법을 개발하는 데 어느 정도 성과를 가져다주었다.

한편, 일반 건축 과제와 같이 많은 요소의 추가가 수반되는 도형적 조작이 필요한 경우에는 디자이너가 드로잉의 생성과 함께 그에 대한 확인 및 해석 작업을 하면서 설계를 진행하는 경우가 있다. 또 과제의 초기 조건으로부터 나온 추론과 그에 대응한 작업, 그리고 초기 조건과의 대조 및 평가라는 과정만으로 모든 디자인 프로세스를 설명할 수 있는 것은 아니라는 사실도 밝혀졌다.

다이어그램 작성에 가까운 Eckersley의 환경디자인 과제와 복잡한 형태적 조건을 다이어그램에 대응시키는 데 중점을 둔 건축설계 과제에서, 디자이너(전문가)는 각기 다른 문제해결행동을 취한다는 사실을 알 수 있었다. 기존의 문제해결행동에 관한 연구에서는 디자인을 다룰 때 전부 디자인이라는 카테고리 안에 넣어 동일하게 취급하는 경향이 있었다. 그러나 향후 이와 관련하여 과제내용의 카테고리에 대한 연구가 필요할 것으로 생각된다.

건축설계교육에 있어서 이미지를 풍요롭게 하기 위하여 다양한 좋은 건축을 체험하는 것이 중요하다. 그러한 체험을 통해 스케치 지면에 풍요로운 이미지를 넣을 수 있다는 것은 확실히 설계 스킬의 중요한 부분이다. 그와 동시에 이미지를 넣어가면서 얻어지는 도면을 대상화하고 객관적으로 분석하는 눈을 의식적으로 기르는 것도 중요하다. 또한 분석하기 쉬운 형태로 도면을 그려가는 도형 조작 스킬도 빼놓아서는 안 될 것이다.

요코야마 유리카(横山ゆりか)

2 공간과의 대화

코르뷔지에는 청년 시절 동유럽의 각 도시를 여행하며 많은 스케치를 남겼다. 1910년부터 1911년까지 베를린, 프라하, 빈, 브카레스트, 이스탄불, 아테네, 나폴리, 로마, 피렌체 등 많은 도시를 여행하며 교회의 내부나 광장에서부터 멀리 해안의 광경에 이르기까지 다양한 스케치 작업을 해나갔다(그림 3.5). 아크로폴리스 언덕을 멀리에서 바라본 스케치, 프로필라이아 기둥 사이로 파르테논 신전을 바라보고 있는 스케치, 폼페이 공중목욕탕의 내부 열주에 의해 구획된 복잡한 공간의 연결을 그린 스케치, 산타마리아 인 코스메딘 교회당의 신랑 身廊 부분에서 천장과 바닥과 열주에 의해 그 깊이가 강조된 스케치, 카프노스 계곡의 안쪽에서부터 비쳐 들어오는 빛을 그린 스케치. 여기에는 '이러한 빛의 효과는 볼만한 가치가 있음'[23]이라는 메모도 남겨져 있다.

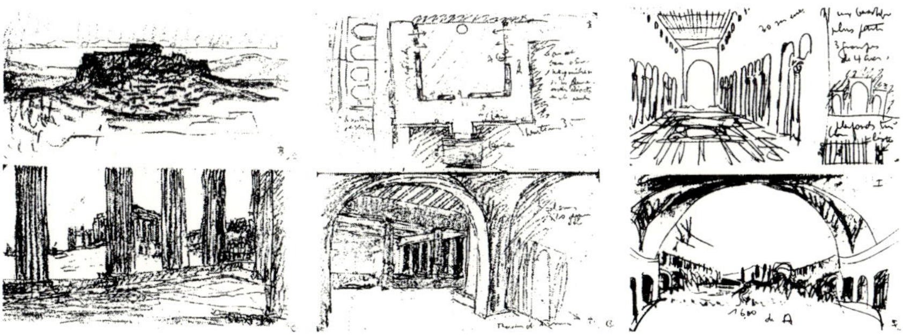

그림 3.5 동방 여행 스케치 (코르뷔지에)[23]

제1기 도나우 하류지역 및 제6기 로마에서 라 쇼드 퐁에 이르는 여정 중에 코르뷔지에는 총 200점 이상의 스케치를 남겼다. 이 스케치들을 공간의 연결방식이라는 관점에서 살펴보면, 벽 · 기둥 · 통로에 의해 분절된 공간의 바로 앞과 안쪽을 그린 것, 좌우로 펼쳐지는 내부공간을 동시에 본 것 등 코르뷔지에가 가지고 있던 공간을 바라보는 다채로운 시각을 배울 수 있다. 이 스케치들을 공간을 바라보는 방식이 같은 것끼리 정리 · 분류해보면, 제1~5기에 걸쳐 순서대로 그 방식이 변해가는 것을 알 수 있다. 그 중에서도 기둥이나 단차 등이 있어 공간이 분절되어 있는 것, 즉 공간과 공간이 조합되어 있는 스케치는 제4기에 그 비율이 높게 나타나는 것이 특징이다.

이처럼 동방을 여행하며 그린 스케치를 보면, 코르뷔지에가 지니고 있던 공간파악방식 및 바라보는 깊이와 넓이에 대해 알 수 있다. 이것은 현실 공간을 볼 때에도, 이미지 속에서 공간을 구성해 나갈 때에도 결여되어서는 안 될 공간과의 관계형성방식 · 공간생성작법 중 한 가지이다. 특히 공간 창조의 이치를 다양한 관점에서 생각하는 경우, 이미지 속에서 공간을 어떻게 바라보고 어떻게 파악할 것인가가 해답을 찾는 실마리가 될 것이다.

코르뷔지에의 스케치로부터 얻을 수 있는 힌트는 어디에서 무엇을 볼 것인가, 공간의 연결을 어떤 식으로 볼 것인가에 대한 단서가 된다. 어쩌면 이것은 코르뷔지에가 건축가로서 공간을 만들어 갈 때, 공간을 이미지화하는 중요한 방법이 되었을지도 모른다. 여기에서는 공간을 구성할 때 이미지 속에서 어떠한 방식으로 공간을 보고 있는가에 대해 살펴보고자 한다.

우선 이미지화하는 광경을 '장면'으로 파악하여 설계자가 머리 속에서 공간을 이미지화할 때 갖게 되는 의인화적인 시각에 주목한다. 그리고 이 공간을 이미지화하는 눈을 공간의 '시점'이라고 부르기로 한다. 공간을 창조할 때 어디에서 어디를 볼 것인가, 그 때 어떻게 서있었는가 등 그 '시점'의 조작에는 몇 가지 방법이 있을 것이다. 이러한 공간의 '시점'은 설계교육에 있어서는 공간의 조작방법을 제시할 수 있을 것이며, 환경형성과 관련해서는 공간을 전달하는 단서를 부여할 수 있을 것이다.

이는 현실 속 장면에서 파악해온 다양한 인간과 건축의 관계를 설계 시 이미지화하는 공간 안에 전개해나가고자 하는 시도이기도 하다.

상상 속 공간에서의 '시점'

건축설계는 다양한 공간의 이미지를 만드는 가운데 이루어진다. 예를 들어, 미술관이나 음악당을 설계하는 초기단계에서는 대지에 들어서는 건물 전체의 모양을 막연하게 이미지화하거나, 입구로 향하는 관객의 모습을 상상하기도 한다. 또한 포이어 foyer에서 보이드 부분을 통해 2층 갤러리를 바라보거나, 객석에서 스테이지를 보는 '장면'을 이미지화하는 등 이미지화하는 공간을 여러 각도로 상상하면서 공간을 구성해간다. 이와 같이 공간설계를 하는 경우에는 설계하는 공간 안에 가상 인물(자신)을 두고 실제로 그 공간에 있는 것처럼 체험 · 인식하고 있다고 생각된다. 그것을 스케치나 간단한 모형을 통해 비주얼한 형태로 전환시킴으로써 머리 속에 있는 공간을 형태화해 가는 것이다.

그림 3.6은 학생의 설계를 추적 조사하여 각각의 공간 이미지나 '장면'을 그려낸 것이다. ① 공간을 둘러싼 환경을 파악한다, ② 공간의 분위기를 파악한다, ③ 형태적인 특징을 파악한다, ④ 조화 및 대비를 파악한다, ⑤ 주체의 변화에 따른 차이를 파악한다, ⑥ 시간적인 변화의 차이를 파악하는 등 여러 가지 '장면'에 가상 인물을 두어 공간의 형태나 분위기를 구체화하려고 한다. 이미지화하는 공간을 비교하기 위하여 공간을 둘러싼 환경의 시간이나 상황을 변화시켜보기도 하고, 이미지 속에서 사람을 바꿔보기도 한다. 예를 들면, 관객을 연기자로 바꾸는 것처럼. 또 공간 내에서 움직이는 사람을 상상하면서 공간을 구체적으로 파악하려는 보다 복잡한 시각도 있다. 이처럼 실제로 공간에 있는 것처럼 체험 · 인식하는 양상에는 다양성이 존재한다. 건축설계는 본래 객관화하기 어렵고 파악하기 어려운 창조적인 행위이지만, 이미지화하는 공간이나 사고의 내면에 주목하여 공간을 바라보는 방법에 대해 이해함으로써 설계에 더욱 재미를 더해 갈 수 있다.

“시점”의 예	공간 이미지	프로토콜
① 공간을 둘러싼 환경을 파악한다.	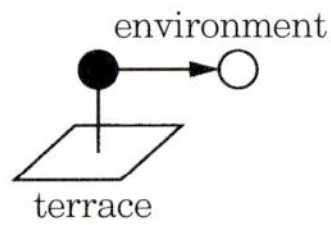	이 근처에 카페를 두면 위치관계상 이렇게 토야노가타鳥屋野潟(역주 : 니가타현에 있는 호수의 이름)가 있으니까, 이쪽에서 석양이 보이지 않으면 좋지 않기 때문에 이쪽을 조금 앞으로 내밀어 엇갈리게 한 느낌이랄까.
② 공간의 분위기를 파악한다.	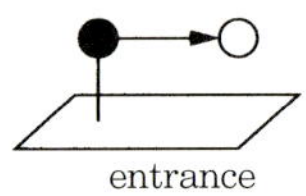	(엔트런스에 대해서) 손님위치에서 하늘이 어느 정도 보이는 각도로 하고 싶습니다. 펼쳐짐을 느낄 수 있도록. 홀이 비교적 좁고 밀봉된 느낌이어서 개방적인 느낌을 내고자 했습니다.
③ 형태적 특징을 파악한다.	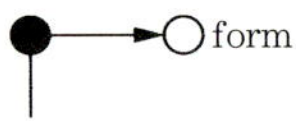	(실내 홀 내부에 대해서) 왠지 직선 같은 것은 싫어서. 직선이라고 하면 왠지 안정적이지 못한 느낌이랄까. 이렇게 반듯한 정방형이 아니라 벽이 조금 흔들흔들하고 있는 느낌.
④ 조화 및 대비를 파악한다.	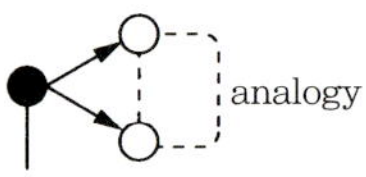	자연과학관(기존 시설)에 반구형태가 있어서, 여기(실내 홀의 무대 뒤)에 반구를 만들어서 통일성을 주는 게 어떨까 생각해봤습니다.
⑤ 주체의 변화에 의한 차이를 파악한다.	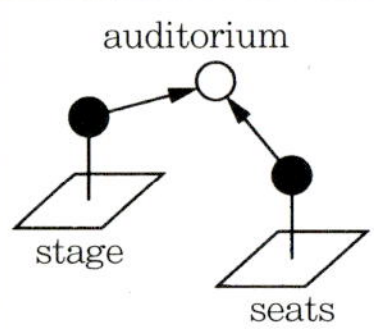	(실내 홀 내부에 대해서) 연주자 자리에서 보았을 때 이런 식으로 개방감을 느끼게 하고 싶었고, 객석에서 보아도 이런 식으로 넓어지면 주변 모두가 함께 본다고 하는 느낌이 되지 않을까 생각했습니다.
⑥ 시간적 변화의 차이를 파악한다.	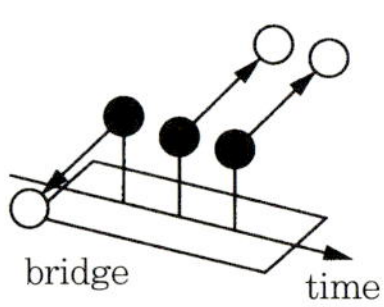	이 다리 위에서 보면 수면과 서쪽의 야히코弥彦라든가, 멀리 보이는 산의 경치와 수평적으로 펼쳐져 있는 석양, 잠시 걸어가면 이번에는 야경이 있고, 다시 또 걸어가면 별을 느낄 수 있다.

그림 3.6 공간의 이미지 · 공간의 장면

‘시점’의 의미와 프로토콜 분석방법

다양한 공간의 체험 및 인식에 대한 사례에서 ‘시점’의 개념을 파악하기 쉽도록 시점이 다음과 같은 요소를 가지고 있다고 생각해보자. 설계자는 공간을 이미지화하거나 복수의 공간을 구성할 때 공간을 바라보는 행위를 한다. 이와 같이 이미지화하는 공간 안에 실제로 설계자가 있다고 생각하고 공간을 바라보는 눈을 '시점'이라고 한다면, '보는 위치' point of view – '보는 방법' way of view – 보는 '대상' object – '설계대상' design object이라는 4가지 요소가 있다고 설정할 수 있다(그림 3.7).

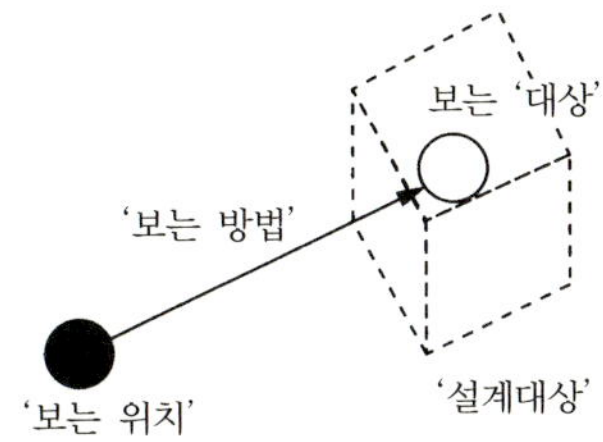

그림 3.7 '시점'의 구성

'위치'는 설계자가 서 있는 공간적인 장소, '대상'은 보고 있는 것, 즉 공간을 나타낸다. '보는 방법'이라는 것은 보고 있는 방향이나 상황 설정까지를 포함하는 것으로, '위치'와 '대상'이 어떻게 관련되어 있는가를 나타내는 것이다. 예를 들면, '올려다보다', '조망하다'와 같이 시선의 방향, 밤과 낮의 대비, 눈이 내리고 있는 것을 이미지화해보는 상황 설정까지를 포함하여 '보는 방법'이라 하기로 한다. 이처럼 '위치' 및 '대상', '보는 방법'을 정한 후에 설계에서 조작하고 있는 공간을 '설계대상'이라 하기로 하자. '설계대상'은 보는 '대상'일 수도 있고 '위치'일 수도 있으며 두 가지 모두인 경우도 있다. 예를 들면, 1층에서 보이드되어 있는 2층 부분을 올려다보고 있는 것을 이미지화하면서 포이어를 설계하는 경우, '위치'와 '대상' 두 가지 모두가 '설계대상'이 되는 것이다.

이와 같이 '시점'이라는 관점에서 그 특징을 파악하기 위해서는 공간을 창조하고 있는 사람의 마음이 어떻게 움직이고 있는가를 들여다보는 것이 필요하다. 그러한 공간을 창조하는 사람의 사고과정을 분석하는 방법 중 하나가 프로토콜 분석이다. P. H. Lindsay와 D. H. Norman에 따르면, 프로토콜은 '언어화된 사고과정을 말로 나타낸 것'이라고 정의내릴 수 있다[24)]. 이러한 프로토콜을 사용하여 지금까지 파악하기 힘들었던 심리적인 구조나 사고의 내적인 과정을 밝혀내고자 한 분석 예가 몇 가지 있다.

건축설계 분야에서는 전술한 바와 같이 에커슬리 M. Eckersley가 간단한 설계 과제에서 얻은 프로토콜을 바탕으로 설계자의 사고과정을 분석하고 있다[25]. 설계 과제는 오피스 공간에 7명을 위한 책상과 의자를 배치하는 것으로, 5명의 피험자를 대상으로 한 실험이다(그 중 2명은 인테리어 디자이너이며 나머지 3명은 디자인학과에 재학 중인 대학생이다). 각 피험자에게는 각 행위를 말로 설명하면서 설계를 진행하도록 하고, 그 모습을 비디오로 기록했다.

한편 공간의 분석과는 조금 거리가 있으나, 뉴웰 A. Newell과 사이먼 H. A. Simon은 이 프로토콜 분석을 이용하여 문제를 해결할 때의 인간의 사고과정을 "problem behavior graph"라는 도식으로 표현하고 있다. 아킨 Ö.Akin도 설계자의 프로토콜을 분석하여, 문제해결에 이르는 설계조작을 8가지 스키마 Instantiation, Generalization, Enquiry, Inference, Representation, Goal-Definition, Specification, Integration로 유형화한 후 설계 과정을 단계적으로 제시하고 있다[26]. 또한 D. A. Schön은 실험적 과제를 수행하는 건축가의 프로토콜을 4가지 설계조작 유형 Functional type, References, Spatial gestalts, Experiential archetypes으로 분류했다. 그리고 이러한 설계조작 유형을 이용하여 문제해결 과정을 설명하고 있다[27].

이와 같이 프로토콜 분석은 접근하기 어려웠던 의사결정이나 이미지 조작 등 인간의 사고 과정에 관해 설명할 수 있는 수단이 되었다. 이러한 프로토콜 분석을 이용하여 다음과 같이 학생 과제를 조사한 결과, '시점'의 특징에 대해 더욱 잘 이해할 수 있었다. 2개월이라는 설계기간 중에 주 2회 12회의 히어링 조사를 실시했다. 히어링 조사를 할 때마다 각자가 설계한 내용을 자유롭게 설명하도록 하고, 그에 대한 기록과 스케치를 단서로 공간을 만들어 가는 모습을 조사했다. 학생의 말은 모두 녹음했으며 에스키스용 노트에 그려진 스케치나 트레이싱페이퍼 등에 그려진 도면도 모두 수집했다.

히어링 조사로부터 얻은 피험자의 말을 다음의 순서에 따라 문서화하고 '시점'을 추출하였다(이 프로토콜의 조작은 Eckersley의 순서를 따르고 있다). ① 수집해둔 스케치를 참조하여 카세트에 녹음된 내용을 문서화한다. ② 문서화된 데이터를 '대지 견학', '자료의 검토', '포이어의 에스키스' 등 테마별로 정리하여 분류한다. ③ 각각 정리한 것으로부터 공간에 대한 정보 및 공간의 조작에 관한 것을 프로토콜 데이터로서 추출한다. 이때 '보다' · '조망하다' 등 보는 행위를 나타내는 말, '느끼다' · '밝다' · '어둡다' 등 공간에서 느끼는 감각, '~으로 향하다' · '~에 접하다' 등 공간 안에서의 사람들의 행동 및 활동을 나타내는 표현 등에 주목한다. ④ 이러한 프로토콜 데이터로부터 3명의 분석자가 '시점'의 '위치' 및 '대상' 프로토콜을 추출하여 그 결과를 조합한 후 2명 이상이 일치하는 경우 채택하는 것으로 한다.

이미지화된 공간은 추상적인 것에서부터 구체적인 것에 이르기까지 그 범위가 매우 넓기 때문에 모든 공간을 파악할 수는 없다. 스케치가 있더라도 3차원 공간으로 표현되어있지 않다거나 말만으로는 공간으로서의 구체성을 전혀 표현할 수 없는 경우가 설계 초기에는 많이 나타난다. 이와 같이 이미지 공간을 분석하는 데 프로토콜 데이터로서 활용할 수 있는 것은 '시점'의 '위치' 및 보는 '대상'을 확실히 나타낼 수 있을 정도로 구체적인 것이어야 한다.

'시점'의 발생

수집된 '시점'은 여러 '장면'을 단독으로 설정하고 있는 것에서부터 복수의 공간을 조합하고 있는 복잡한 것 등 그 수와 내용이 각기 다르다. 그러나 몇 가지 공통된 특징도 있다. 그림 3.8에서 보는 것처럼, 추출된 '시점'은 서 있는 장소와 바라보고 있는 대상이 같은 공간 안에 있는 경우와 각각 다른 공간에 나뉘어 있는 경우가 있다. 그리고 '시점'이 추출된 프로토콜이 나타내고 있는 공간을 바라보는 방법에는 다음 3가지 유형이 있다. ① 설계자가 서 있는 장소와 그곳에서 보이는 것을 1대 1의 관계로 파악한다. ② 어느 특정

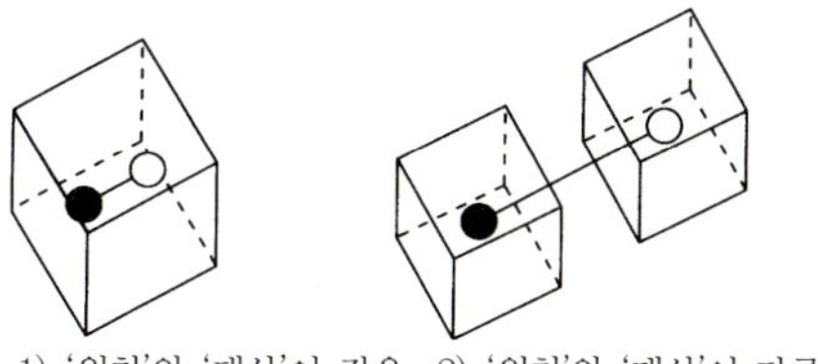

그림 3.8 '시점'의 기본 패턴

장소에서 주변을 바라보거나 여러 공간을 비교해가면서 공간 간의 관계를 파악한다. ③'시점'의 위치를 이동시키면서 공간의 관계 및 바라보고 있는 공간과의 관계를 파악한다. 이와 같은 공간의 대응과 공간을 바라보는 방법에 따라 '시점'을 몇 가지 패턴으로 나눌 수 있다. 그림 3.9에서는 가로축에 ①~③의 '시점'의 위치와 대상의 관계를 나타내고 세로축에 '시점'과 공간의 관계를 나타낸 후, 파악된 '시점'을 12가지 패턴으로 정리하였다.

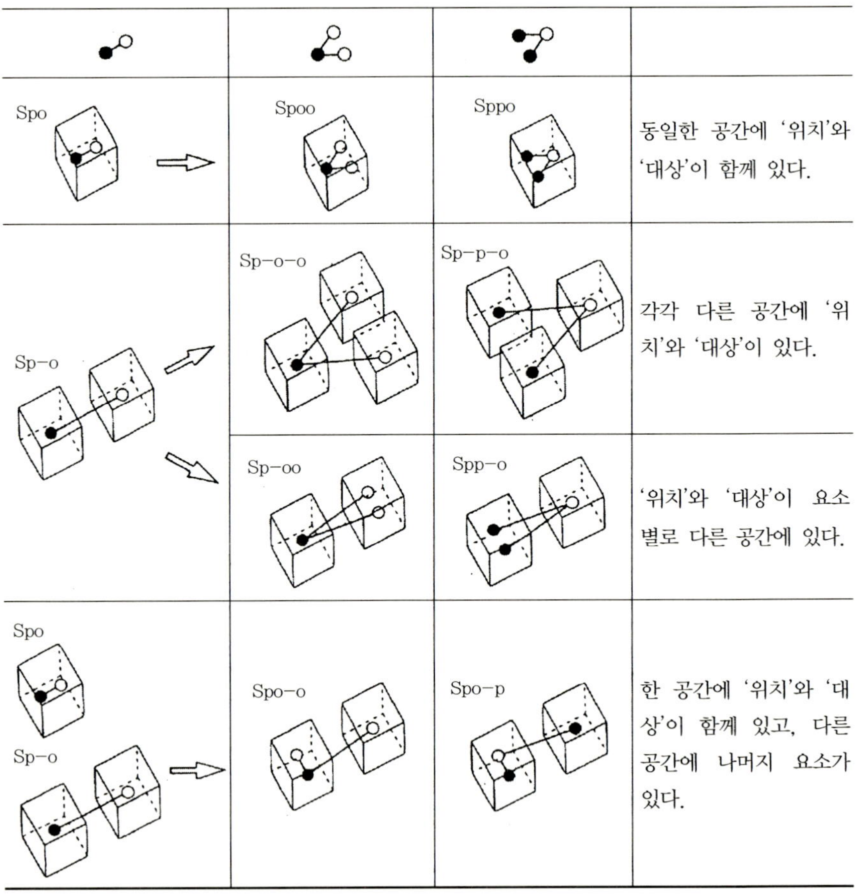

그림 3.9 '시점'의 패턴

학생으로부터 추출해 낸 '시점'을 이 패턴에 적용시켜 보면, 학생들이 사용한 유형의 수는 적게는 3종류, 많게는 7종류까지 그 차가 크다. 그 중에는 '위치'와 '대상'이 1대 1의 대응관계를 갖고 있는 기본적인 '시점' Spo와 Sp-o를 이용하는 비율이 높았으며, 역으로 공간 안에서 '위치'를 이동해야 하거나 복잡한 이미지를 요구하는 '시점'은 잘 이용되지 않았다. 또 이러한 기본적인 '시점'은 초기단계에서 나타나고, 복잡한 '시점'은 설계 후반에 나타난다는 점이 특징적이다. 이동을 수반하는 4가지 '시점'은 공간의 파악방법이 복잡하기 때문에, 설계가 어느 정도 진전된 후 이미지화된 공간이 보다 구체적으로 되고 나서야 비로소 실현될 수 있다. 즉, 단순한 '시점'에만 의지하여 설계를 하고 있는 학생이 있는 반면, 복잡한 '시점'도 포함시켜 그 유형을 폭넓게 이용하며 설계를 하고 있는 학생도 있다는 것을 알 수 있다.

공간의 생성으로 이어지는 '시점'의 결합과 분할

설계과정에서 떠오르는 공간의 이미지는 하나하나 독립된 것이 아니라 서로 상호 관련성을 갖는다. '시점'의 상호 관계라는 측면에서 볼 때, 시점이 공간을 이미지화하는 출발점이 되기도 하고 그로부터 발전되기도 하는 양상을 관찰함으로써 설계 프로세스에서 나타나는 '시점'의 생성에 관한 특성을 파악할 수 있다.

학생이 '시점'을 생성하는 과정을 살펴보면, 대부분의 경우 이전의 '시점'을 받아들여 공간의 내용을 조금씩 변화시켜가면서 그것을 새로운 '시점'으로 이어가고 있음을 알 수 있다. 그 중에서 두 '시점'이 조합되어 새로운 '시점'을 만들고 있는 경우와 '시점'의 '위치' 또는 '대상'의 공간이 둘로 나뉘어져 새로운 '시점'이 만들어지는 경우 등 몇 가지 특징이 보인다(그림 3.10). 이는 '시점'의 결합 및 '시점'의 분할이라고도 불린다(그림 3.11). 예를 들면, 엔트런스의 내부를 이동하면서 호수를 바라보는 '시점'과 엔트런스 상부에 새롭게 공간을 이미지화한 '시점'이 설계 초기에 나타난다고 하자. 이러한 '시점'에 의하여 두 공간이 내부의 슬로프로 호수와 연관되며, 엔트런스 공간으로 결합되는 '시점'이 생성된다. 또한 포이어에서 호수를 조망하는 '시점'은 포이어를 분할하여 레스토랑을 만드는 '시점'으로 이어질 수 있다. '시점'의 결합과 분할은 '위치'를 여러 개 가지거나 '위치'를 이동시키면서 일어난다는 것이 특징이다. 그 중에서 '위치'를 이동시킨다는 '시점'은 공간을 조합하는 역할을 하기도 한다. 이러한 '시점'의 결합과 분할이라는 조작은 공간을 더욱 구체적이고 복잡하게 조합하는 것을 가능하게 한다.

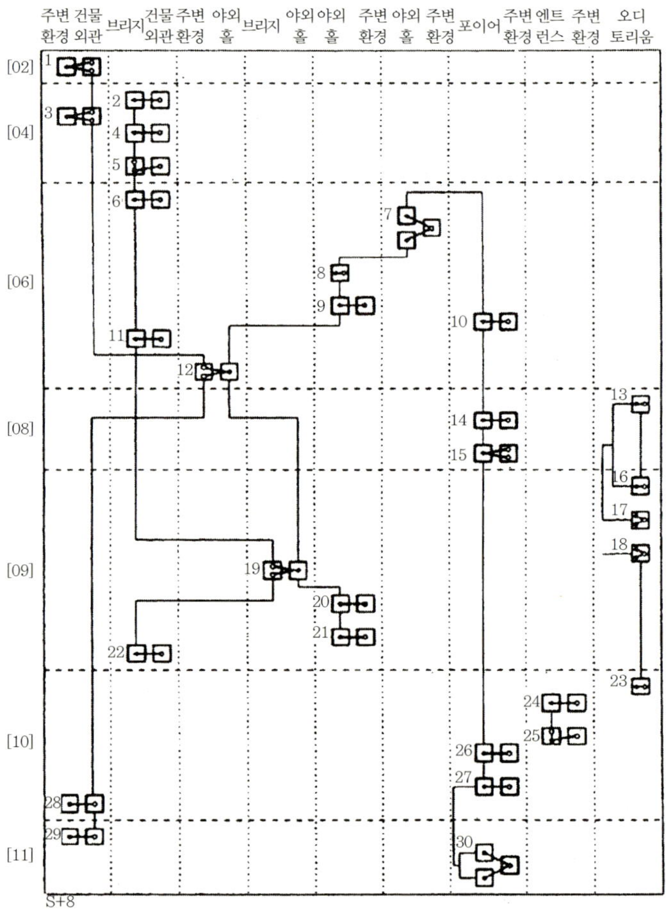

그림 3.10 '시점'의 생성 프로세스 예

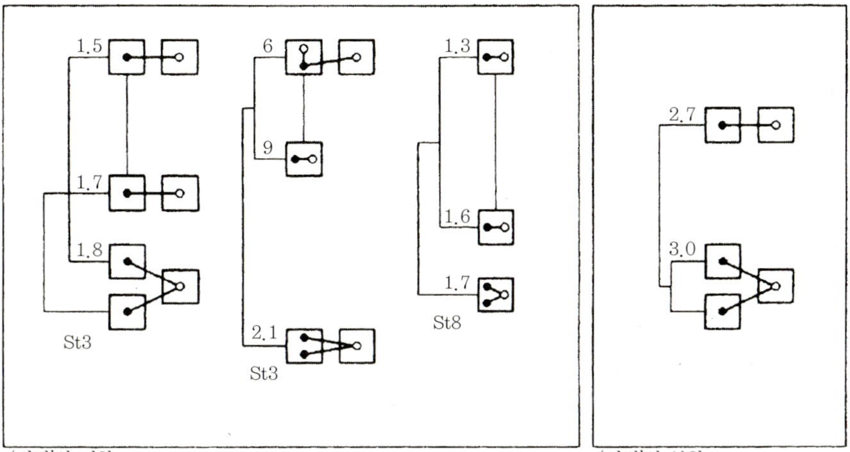

'시점'의 결합 '시점'의 분할

그림 3.11 '시점'의 결합과 분할[46)]

또한 각 '시점'의 추이 중에는 설계 프로세스 과정에서 같은 공간을 몇 차례 중복하여 다루고 있는 것이 있다. 같은 공간을 보고 있는 '시점'을 실선으로 연결하고 그림에도 상하로 잇는 선으로 나타내 보면, 이러한 선은 이미지화하는 공간 하나하나의 이력이 되어 '시점'의 전개과정을 보여준다. 이 경우 전체의 중심이며 축이 되는 공간에는 수많은 '시점'이 포함되어 있다. 하나의 축에 포함되는 '시점'의 수의 많고 적음에 따라 이미지의 중심과 주변이 분할된다. 이러한 '시점'의 축을 잘 살펴보면, 공간의 중심이 되는 것과 그곳에서 가지치기로 나뉘어져 새롭게 만들어지는 것이 있는데, '시점'은 이러한 축과 연결되어 발생과 결합 · 분할을 반복하고 있다. 이것을 공간의 줄기와 가지라고도 말할 수 있을 것이다.

호수 위를 지나는 다리와 야외 홀 등 외부공간에 관한 '시점'이 여러 개 나타나는 예가 있다. 이 경우 다리는 오디토리움, 야외 홀 그리고 주변의 환경을 연결시키고 있는 것으로, '시점'의 축이 다른 축과 연결되어 가지가 여러 갈래로 뻗어 나간다. 이러한 '시점'의 축과 가지를 만드는 조작은 이미지화하고 있는 공간을 상호 연결시켜 그 상대적인 관계를 같은 것으로 인식하게 한다. 이와 동시에 '시점'의 조작을 활성화시켜 축의 새로운 전개를 가능하게 하기도 한다.

한편, 축 주위에 파생되는 '시점'이 여러 개인 것도 있으며, 축으로 이어지는 '시점'이 다른 것과 전혀 연결되어 있지 않은 공간도 있다. 이와 같은 '시점'의 파생은 공간의 전개와 다층성과도 관계가 있다. 가지를 치지 않는 공간의 축이 그 설계의 중심이 되는 경우나 도중에 '시점'이 파생되지 않는 것은 조작에 문제가 있는 경우가 많다. '시점'이라는 개념을 통해 공간의 창조와 이미지의 구성이라는 밝혀내기 쉽지 않은 조작에 조금이라도 근접해 가고자 한다. 또한 사고 안에서 나타나는 '시점'의 조작에 대한 특성을 분석함으로써, 공간의 창조 및 공간의 다양한 구성방법을 해명하고 코르뷔지에가 지니고 있던 공간에 대한 다양한 시선에 대해 이해할 수 있을 것으로 기대한다.

설계와 상상 속 공간에서 일어나는 환경행동

건축설계를 할 때, 설계자는 그려지고 있는 공간 안에서 다양한 유사체험을 하게 된다. 그러한 유사체험 방식은 설계자마다 각기 다르며, 이미지화하는 공간에서의 환경행동은 설계에 영향을 미친다. C. Alexander의 '패턴 랭귀지'[33]에 서술되어 있는 공간의 구조 및 구성방법은 그가 오랜 시간 철저하게 관찰·분석해 온 결과를 바탕으로 공간을 패턴화하고 언어화한 것이다. 일상적으로 일어나는 생활행위에 의해 만들어진 공간 안에서 두드러지게 나타나는 요소를 추출·언어화하여 설계의 참고자료로 활용하고 있다.

최근 인간과 환경의 관계에 관한 건축계획이론이 상당수 보인다. 그 가운데 이토토요 伊東豊雄는 '인간-환경계의 디자인'[34]에서 동경대학(1988년, 1989년)에서 시도한 설계교육에 대해 소개하고 있다. 그 내용은 다음과 같다. 일반적으로, 계획된 건축에 의해 다양한 행위가 이루어지며 그것이 생활환경이 된다. 그러나 여기에서는 그와 반대로 '행위'로부터 건축설계를 시도하고 있다. 이러한 프로세스에서 요구되는 것은 추상적인 명제 표현이나 다이어그램이 아닌, 예를 들면 '이런 느낌으로 앉을 수 있는 의자,' '그 뒤편을 이런 식으로 둘러싸는 벽'이라고 하는 것처럼 구체적인 행위를 유발시키는 물리적인 오브젝트이다. 이토의 설계교육은 '행위'를 바탕으로 한 공간 만들기로, 패턴 랭귀지와 달리 규범적인 공간구성의 제한이 없기 때문에 평소에 생활하고 있는 공간에 대한 체험이나 공간의 어휘가 중요하다. 본 절에서는 이러한 이미지 속에서 일어나는 환경행동과 설계와의 관계에 대하여 서술하고자 한다.

■ '장면' 속에서 나타나는 인간의 행동

설계자는 다각도적인 측면에서 설계제반 조건을 고찰 · 정리해가면서 공간을 만들어간다. 인접한 건물이나 도로와의 관계 등 법령으로 정해져 있는 물리적인 조건, 방위나 통풍 등 자연환경 조건, 멀리 보이는 풍경이나 풍토 등 주위 환경으로부터 영향을 받는 정신적인 조건, 필요한 모든 실이나 공간 용적 등 물리적인 공간의 조건, 안전하게 생활하기 위한 건물구조의 조건 등 여러 가지 조건을 염두에 두면서 설계를 진행한다. 그러나 이러한 조건이 모두 명확하게 정해져 있더라도, 설계의 해는 한 가지가 아니다. 일반적으로 전술한 조건 중에서도 애매한 조건이 있을 수 있다. 예를 들면, 풍경이나 풍토 등에 영향을 받는 정신적 조건은 건물을 이용하는 사람에 따라 천차만별이다. 또한 공간 용적 등의 물리적인 조건에 있어서도 용적이 일정하더라도 공간의 모양이 다르면 받는 인상이 각기 다르다. 또한 공간의 연결 방식이나 공간의 질, 컨셉 등은 공간을 만드는 데 있어서 매우 중요한 요소이지만 이들 또한 명확하지 않은 것이 일반적이다. 이러한 요소들이 설계를 더욱 복잡하게 만든다.

지금까지 서술한 조건이나 요소를 정리해가는 작업이 계획이나 설계라고 한다면, 이때 수많은 조건이나 요소를 연결해 가는 것이 '장면'이다. '장면'은 주위의 정경이나 설계의 대상이 되는 건물, 환경, 설계자 자신의 행위 및 다른 사람의 행위 등으로 구성되어 있다. 그 중에서도 이미지화하는 공간 안에서 일어나는 자신의 행위와 다른 사람의 행위가 있다. 이들을 분류해보면 '보다', '생각하다', '행동하다', '이동하다'의 4가지 계系가 있고(그림 3.12), 이들은 다시 '보다', '바라보다', '생각하다', '~하고 싶다', '분위기를 느낀다' 등 16가지 유사계類系로 분류될 수 있다. 특히 '생각하다'계系의 행위가 포함되어 있는 '장면'은 현장감 넘치는 것이지만 설계자에 의한 차이가 크며 공간지각과도 관계가 깊다. 이러한 '생각하다'계系의 유사계 '생각하다', '~하고 싶다', '의문이다'는 장면을 전개해가는 데 있어 매우 중요한 행위이다. 예를 들면, 어떤 이미지 공간 안에 설계자 자신을 투영하여 '천장에서 빛이 내려온다', '따뜻하다' 등 공간을 지각한 후, '중정의 건너편에 유리로 된 공간이 보였다. 기분 좋을 것 같아서 가보고 싶어졌다.'라고 하는 것처럼 '가보고 싶다'라는 욕구를 계기로 연속해서 다음 '장면'으로 전개되어가기도 한다. 그러나 미숙한 설계자는 '장면'이 짧게 끊어져 있어 여러 '장면'을 연속해서 이어가지 못하며, 이러한 점이 숙련된 설계자와 크게 다른 점이다. 이와 같이 '장면'을 유발하는 행동에는 다음과 같은 것이 있다.

- 유사계 '생각하다' : 생각하다, 감동하다, 공감하다, 힘내자고 생각하다, 또 오자, 느끼다, 아름답다 등
- 유사계 '~하고 싶다' : ~하고 싶다, 집중하고 싶다, 맨발로 걷고 싶다, 체험하고 싶다, 모이고 싶다, 보고 싶다, 가보고 싶다 등

이들은 일부 예에 불과하며 그 밖에도 무수히 많다. 이와 같은 행동을 이용하여 '장면'을 연속적으로 이어감으로써 창조적인 '장면'을 형성할 수 있다. 즉, 창조적인 공간 창출로 이어진다고 말할 수 있다. 그리고 이러한 연속적인 '장면'은 공간의 시퀀스를 만드는 것으로 연결된다. 이때 스케치 공간을 넘어 스케치 이외의 공간도 지각할 수 있는 능력은 매우 중요하다.

계	유사계	「장면」에서 사용된 행위의 예	
본다	본다	본다 언뜻 보인다 안에서 본다 내려다본다 멍하니 본다	구경하다 보이지 않는다 내려다본다 올려다본다 전철에서 보인다
	바라본다	바라본다 멀리 내다본다	한눈에 바라본다 멀리 조망한다
생각한다	생각한다	생각한다 사고한다	알고 있다 이해한다
	~하고 싶다	보고 싶다 편히 쉬고 싶다 가 보자	쉬어 보고 싶어진다 노래하고 싶다 들어가 보자
	의심쩍어한다	뭐라고 생각한다 흥미를 끈다	신경 쓰인다 의심이 간다
	분위기를 느낀다	느긋하게 시가 흐르는 듯한 느낌 부드럽다 따뜻한 느낌 이끌린다 낮은 느낌	평온한 느낌 배에 탄 듯한 느낌 시원해서 기분 좋은 느낌 안으로 이끌림 확 넓어진 느낌
	기분	평온한 기분 밝게 들떠 있는 기분 상쾌함 재미있다 압도되었다 상기된다 배고프다	밝고 부드러운 느낌 차분하게 가라앉은 기분 즐거움 피곤함 지루하지 않다 점점 두근두근 개방감
	환경의 지각	밝다 어둑어둑하다 시끄럽다 전차 달리는 소리	어둡다 조용하다 빛이 들어온다 물소리
행동한다	그 장소에서 행동한다	말을 한다 뒤돌아본다 도시락을 펼친다 문을 연다 책을 읽을 수 있다	서다 천천히 식사를 한다 커피를 마실 수 있다 티켓을 끊는다 논다
	휴식한다	햇볕을 쬐다 한숨 놓다 진정된다	쉬다 앉다 자다
	이동하면서 행동한다	개 산보를 시킨다 걸어가면서 먹는다 걸어가면서 미술품을 본다	계단을 내려가면서 둘러본다 돌아서 아치를 빠져 나간다
이동한다	공간의 출입	들어간다 나온다	마음 편히 들어간다 몸을 구부려서 들어간다
	수평이동	간다 건너간다 걷는다	지나간다 달린다 빠져 나간다
	수직이동	계단을 오른다 언덕을 내려간다	에스컬레이터로 올라간다 엘리베이터에 탄다
	회전	그곳에서 돈다	빙그르 돈다
	집합	모인다	뭉친다

그림 3.12 '장면'의 형성과 인간의 행동

■ '장면'에서 상상되는 인간의 행동과 공간생성

'장면'과 공간생성의 관계에 대해 살펴보면, 분위기나 형태 등 공간의 질을 만들고 있는 '장면'과 공간과 공간을 연결하는 '장면'이 있다. 또한 '장면'이 설정되어 있는 위치와 그 '장면'이 영향을 주고 있는 공간과의 관계라는 측면에서 보면, '장면'이 설정되어 있는 공간만을 조작하는 것과 '장면'이 설정되어 있는 공간 이외의 공간을 조작하는 것으로 나눌 수 있다. 이들의 관계를 정리하면 다음과 같다(그림 3.13).

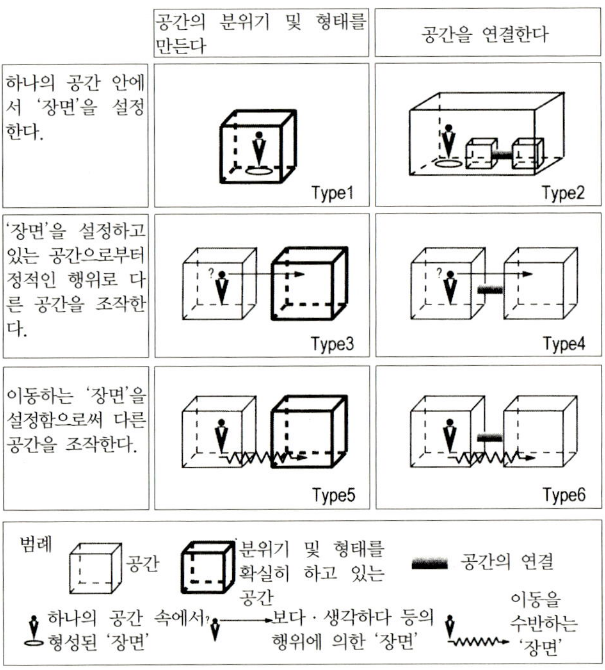

그림 3.13 '장면'과 공간형성

숙련된 설계자는 이러한 공간생성 방법을 다양하게 사용할 줄 안다. 즉, 스케치 이외의 공간도 지각하면서 '장면'을 설정하여 설계를 진행한다(그림 3.14). 이와 같이 스케치 공간 안은 물론 스케치 이외의 공간도 지각함으로써 지각하는 공간영역을 한정시키지 않는 것이 중요하다. 그러나 미숙한 설계자는 '장면' 설정과 조작하는 공간이 스케치 공간 안에서만 머물러 있어 공간지각 영역이 스케치 안에 한정되어 있는 경우가 많다. 이러한 점에서 볼 때, 공간인지 방식에 있어서 '장면'의 설정은 설계자마다 차이가 있으며, 이러한 '장면' 설정방식이 공간을 만드는 방식에 영향을 미치고 있다고 말할 수 있다.

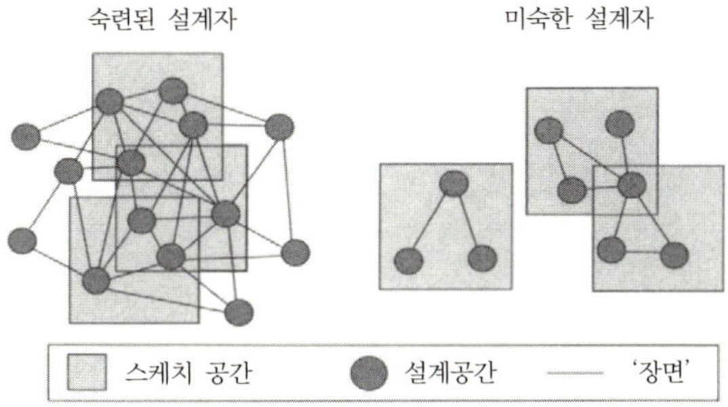

그림 3.14 스케치 공간과 '장면'

공간군과 모호한 공간에서 일어나는 인간의 행동

설계자는 목적에 따라 여러 공간으로 이루어진 공간군을 만들기도 하고 하나로 인식되는 공간을 만들기도 한다(그림 3.15). 또한 설계 테마에 따라, 여러 개의 공간군으로 이루어진 경우와 하나의 공간군으로 이루어진 경우가 있다. 일반적으로 크고 작은 공간군을 여러 개 배치하는 경우가 많은데, 이때 큰 공간군 상호간 또는 크고 작은 공간군을 '장면'으로 연결하게 되며, 이는 설계를 진행할 때 중요한 역할을 하게 된다. 큰 공간군을 여러 개 갖는 경우 컨셉이나 설계의 축이 되는 공간도 여러 개인 경우가 많고, 이는 특히 복합시설 등에서 많이 보인다.

성질이 다른 복수의 공간군을 연결할 때 계속해서 시행착오가 반복되고 좋은 아이디어가 떠오르지 않아 설계가 좀처럼 진행되지 않는 경우가 많다. 그러나 설계의 시작 단계에서 마지막 단계까지 설계가 매끄럽게 진행되더라도 반드시 최종 설계결과가 좋을 수만은 없다. 오히려 여러 개의 컨셉과 축이 되는 공간의 연결방식이 좋은 설계결과로 이어지는 경우가 많다. 이와 같이 머리 속에서 생각하고 있는 '장면'은 설계 작업을 매끄럽게 진행시키는 역할뿐만 아니라, 창조성을 증대시키고 설계가 잘 풀리지 않을 때 해결의 실마리를 제공하는 수단이 되기도 한다.

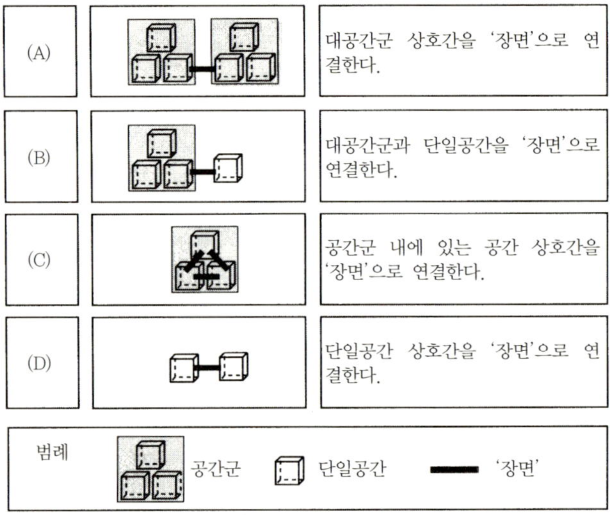

그림 3.15 공간군과 '장면'

한편, '홀을 지나 화장실 또는 어딘가로 간다', '사이에 끼어 있는 듯한 공간을 생각한다'(그림 3.16)라는 말에서처럼 실명室名이나 공간기능 등이 확실하지 않은 모호한 공간을 설계 작업 시 이용하는 경우가 있다. 모호한 성격의 공간은 나타나고 나서 바로 그 성격이 결정되는 것도 있으며, 바로 소멸하는 것도 있다. 또한 모호한 공간을 계속해서 떠올리면서 설계를 진행하는 경우도 있다. 이러한 모호한 성격의 공간은 여러 공간과 연결되기 쉬우며 '장면'을 만들기 쉽다는 것이 특징이다. 숙련된 설계자는 공간의 성격을 확실하게 하면서도 언제든지 상황에 따라 공간을 바꿀 수 있는 자세로 설계를 진행한다.

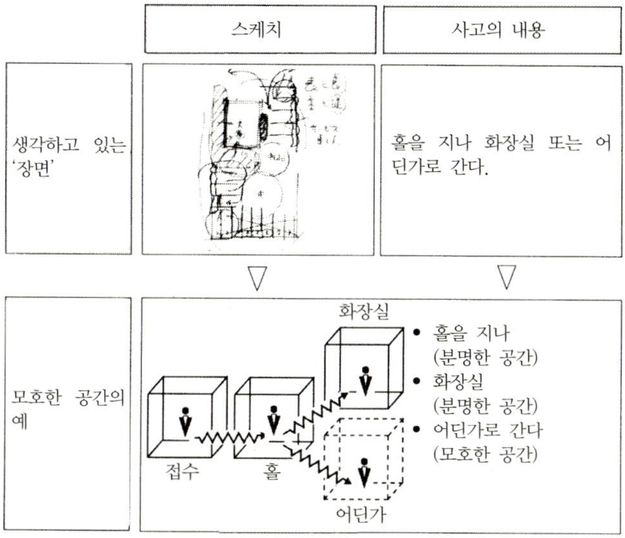

그림 3.16 모호한 공간

이와 같이 모호한 공간은 고정적인 개념이나 특별한 성질을 갖고 있지 않기 때문에 다양한 용도의 공간이나 공간군과 연결될 수 있다. 그러한 이유로 공간군 상호를 연결하는 역할을 하기도 한다. 예를 들면, 공간군과 공간군 사이에 모호한 공간을 끼워 넣는다거나 모호한 공간을 공간군 속에 배치하여 그것을 '장면'으로 연결하는 경우가 있다. 또한 공간군의 끝부분에 배치시킴으로써 다음 공간이 이어질 여지를 남겨두는 경우도 있다. 두 공간군에서 전개되는 각각의 '장면'이 다른 사람을 통해 공유되고 공간의 스토리를 이루며 일체화되는 경우도 있다. 두 공간의 성질이 전혀 다르거나 거리가 떨어져 있는 경우라도 다른 사람이라는 개념을 이용하여 '장면'을 연결함으로써 하나의 컨셉으로 디자인할 수 있다.

상상 속 '장면'을 통해 본 설계 진행방향

설계자는 새로운 공간을 만들기도 하고 없애기도 하면서 설계 시 발생하는 다양한 문제를 해결해가면서 설계를 진행한다. 여기에서는 설계가 시작되어 종료될 때까지의 진행상황을 숙련된 설계자(건축가A, 건축가B)와 미숙한 설계자(학생)를 예로 들어 살펴보기로 한다. 그림 3.17은 다음과 같은 관점으로 본 설계과정에 대한 모식도이다.

- 공간이나 '장면'의 출현 상황
- 각각의 공간이나 '장면'이 상호 영향을 미치는 상태
- 문제가 발생했을 때 장벽의 상황

건축가 A는 공간이나 '장면'의 수를 비교라는 방법으로 나열하고, 건축가 B는 학생에 비해 길고 직선적인 방법을 사용하고 있다. 건축설계자는 이러한 비교와 직진이라는 방법을 혼용해가며 설계를 진행하고 있으며, 설계자에 따라 그 이용방식의 특징이 다르게 나타난다.

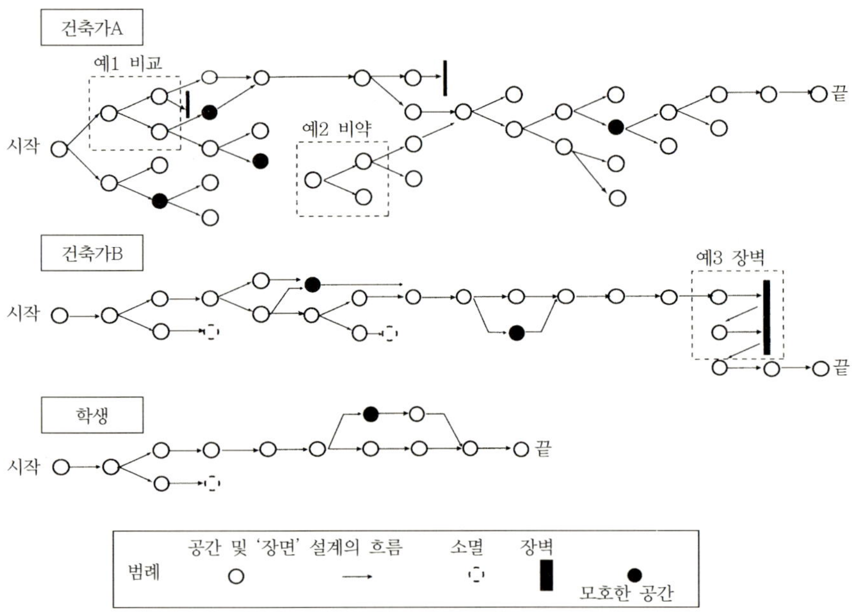

그림 3.17 '장면'으로부터 본 설계의 진행방향

여기에서는 공간이나 '장면'을 증가시키는 설계 진행의 특징을 몇 가지 소개하기로 한다.

1) 비교

건축가 A는 '건물의 형태로서 자유롭게 배치하는 점재형点在型이 좋은가, 아니면 하나로 모여 있는 형태가 좋은가'(그림 3.17 예1)와 같이 공간이나 '장면'을 비교해가며 진행하는 경우가 많았다. 이러한 설계 프로세스의 모양은 나무처럼 펼쳐진 형태라고 말할 수 있다. 이와 함께 동일한 방식으로 구체적인 시퀀스도 비교하고 있다. 건축가 B와 학생에게도 비교가 보이고 있지만 그때 선택되지 않은 공간이나 '장면'은 이후에 다시 나타나지 않았다.

2) 비약

건축가 A는 개구부의 디자인 등 건물의 파사드에 대해 생각하고 있었으나 갑자기 생각을 바꿔 주차장에 대하여 생각하기 시작했다(그림 3.17 예2). 이와 같이 그때까지 생각하고 있던 내용이 갑자기 다른 공간이나 '장면'으로 바뀌면서 사고과정에 비약이 나타나고 있으며, 거기에서 생각했던 것이 나중에 주요 사고 프로세스에 영향을 미치고 있다.

건축가 A의 사고과정에서처럼 갑자기 생각이 비약하여 발생된 공간이나 '장면'은 한번 중단되었지만 나중에 다른 공간이나 '장면'에 영향을 미치고 있어 바둑의 포석과 같은 역할을 하고 있다.

3) 장벽

건축가 B는 어린이공간과 노인공간을 연결하고 싶어 했다. 그러나 노인이 사용하는 건물을 반지하로 하면 계단을 오르내리는 것이 곤란하다고 판단하여 어프로치를 어떻게 하는 게 좋을까 고민하게 되었는데, 그러한 과정에서 설계가 좀처럼 진행되지 않았다(그림 3.17 예3). 이러한 문제는 나중에 엘리베이터를 사용하여 어린이공간과 노인공간을 연결한다는 방식으로 그 장벽을 극복할 수 있었다.

건축가 A의 설계 프로세스는 공간이나 '장면'이 나무형태와 같이 펼쳐진 모양이기 때문에 장벽이 발생해도 몇 가지 다른 대안이 준비되어 있어 장벽을 피하기 쉽다. 그에 비해 건축가 B의 설계 프로세스는 몇 번이고 같은 방식으로 '장면'을 전개시키면서 공간을 펼쳐나가는 설계방법이다. 이러한 방법은 '장면'에 의한 공간의 연결은 강하지만, 주위가 보이지 않아 장벽이 발생하기 쉽다. 그러나 장벽이 설계에 있어서 반드시 좋지 않은 것만은 아니다. 장벽을 극복함으로써 좋은 설계로 이어지는 경우가 많기 때문이다. 이는 설계상의 문제설정방식과도 관계가 있다.

4) 모호한 공간

각 설계자는 전술한 바와 같이 설계를 원활히 진행시키고 나중에 다른 공간이나 '장면'이 이어지기 쉽도록 모호한 성격의 공간을 이용하고 있다.

▪ 상상 속 공간에서의 '장면'의 연결방법

설계자가 상상하는 다양한 '장면'들은 하나의 스토리로 연속되어 있는 경우가 많다. 즉, 연속된 시퀀스가 생기는 것이다. 그렇다면 왜 길게 연속된 '장면'이 생겨나는 것일까? 여기에서는 설계자의 문제설정방식과 '장면'의 연결에 대하여 건축가 A와 학생을 예로 들어 설명하기로 한다. 그림 3.18은 설계자가 공간을 만들어가는 상황을 시계열時系列적으로 나타낸 것이다. 가로축은 만들어진 공간, 세로축은 설계진행과정을 나타내고 있다. 또한 설계를 진행할 때 공간을 만든다거나 조작하고 있는 부분은 원으로 기록하였다. 원과 원을 잇는 선은 공간조작이 연결되어 있는 것을 말한다. 또한 설계과정에서 사고가 연속적으로 행해지거나, 사고하는 내용이 중단되는 경우가 있다. 사고가 중단되지 않고 연속적으로 이루어지고 있는 부분은 점선으로 구획하여 연속적 사고가 이루어지고 있음을 알 수 있도록 표시하였다. 공간조작의 연결을 보면, 건축가 A는 학생에 비하여 블록의 수와 블록 내에서 조작된 공간의 수가 많고, 공간조작의 연결이 사슬 모양으로 길게 형성되어 있다.

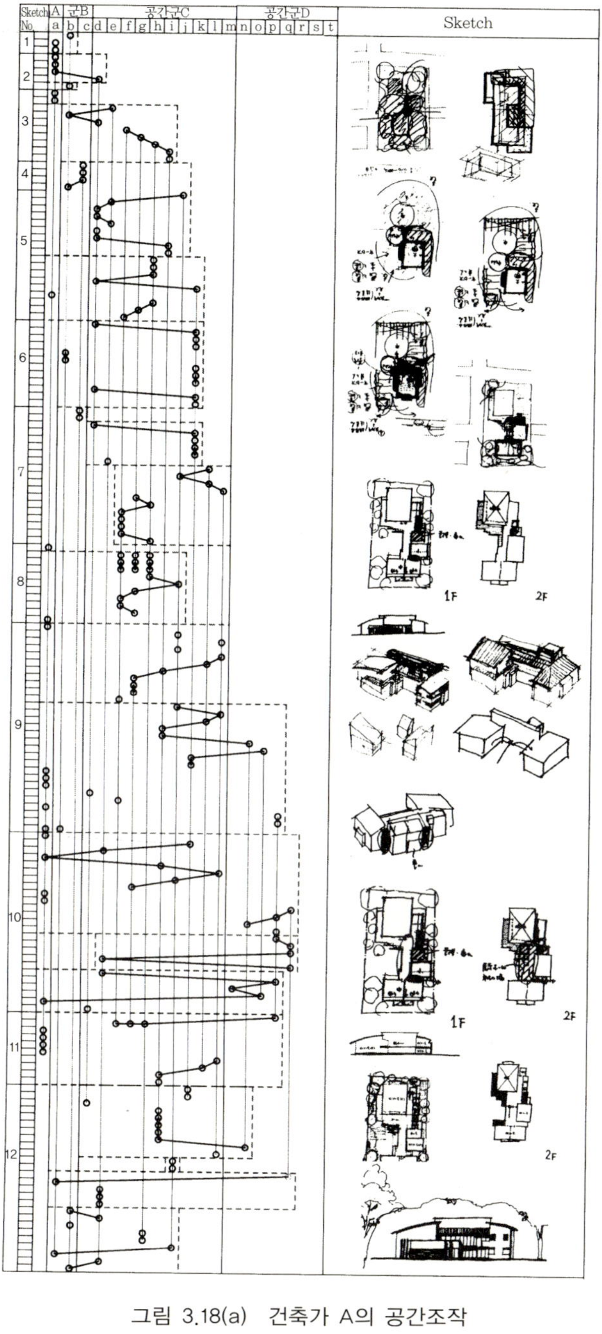

그림 3.18(a) 건축가 A의 공간조작

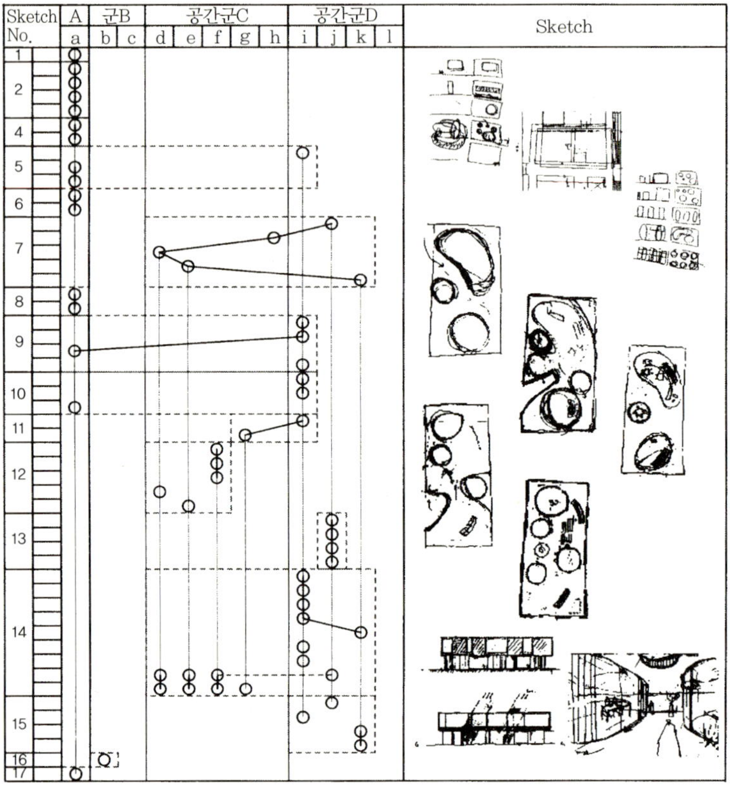

그림 3.18(b) 학생의 공간조작

한편, 연속적인 사고부분을 구체적으로 파악하기 위하여 건축가 A와 학생의 사고 내용의 일부를 도식화 하였다(그림 3.19). 사고 내용을 원으로 표시하고, 원 안에 발화 데이터 번호를 적었다. 원과 원을 잇는 선은 사고가 서로 관련되어 있음을 나타내는 것이며, 진하게 표시된 원은 문제설정에 대한 사고가 이루어진 것을 의미한다. '~는 어떻게 할까', '~을 생각한다' 등 문제가 설정되어 있는 곳이 몇 군데 보인다. 또한 건축가 A와 학생 모두 문제설정이 연속적 사고의 출발점으로 되어 있으며, 특히 건축가 A는 문제설정과 사고를 더욱 복잡하게 관련시키고 있다. 또 어떤 문제설정은 상호 관련되어 있는 경우도 있다.

건축가A

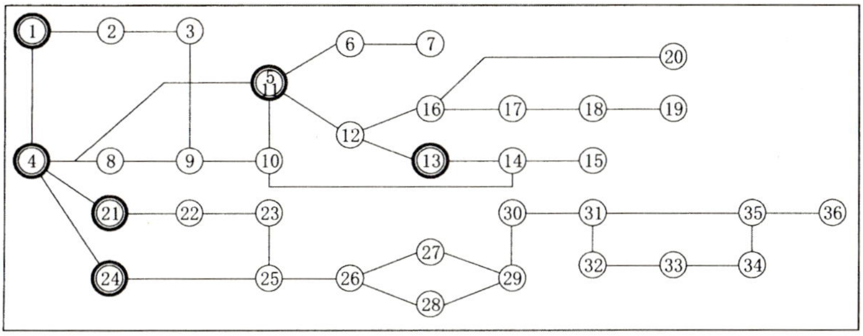

사고내용

1 : 어디를 제일 메인으로 할까?
2 : 여기 선로 측으로부터 어프로치가 있다.
3 : 가령 남측이 메인이라고 하는 식으로 생각한다.
4 : 바깥쪽에 있는 차와 사람, 안쪽 서비스에 있는 차와 사람이라고 하는 문제가 있다.
5 : 지역이라는 측면에서 생각하면
6 : 차를 우선시하는 시설일 필요는 없다
7 : 걸어서 올까, 자전거로 올까
8 : 바깥쪽 차량 접근을 생각하지 않으면 안 된다.
9 : 남쪽 출구 전체를 전부 사용한 계단에서 어느 정도 남겨놓을 수 있을까?
10 : 제일 좋은 곳을 주차장으로 빼앗겨버렸다.
11 : 역시 지역이라는 측면에서 생각하자.
12 : 아무래도 몇 대 정도는 생각하지 않으면 안 된다.
13 : 장애가 있는 사람을 위해 생각하면
14: 지역을 배려해서 주차장을 확보하고 싶다.
15 : 녹색지구를 배치한 뒤 그 다음에 주차
16 : 그것 이외의 주차
17 : 안쪽이나 옆 공간에 주차공간을 확보
18 : 최소한 서측으로 이렇게 돌아와서 머물 수 있도록 하고
19 : 안전을 생각할 때 담(수목)을 너무 높게 해버리면 운전석에서 보이지 않게 되는 경우도 있다.
20 : 서비스용 공간의 뒤편에 차를 둘 수 있도록
21 : 공공 건물의 경우는 관리, 접수 등도 생각하지 않으면 안 된다.
22 : 사람의 출입이 가장 많고 앞쪽과 뒤쪽 모두 접근이 용이하게
23 : 지금의 배치에서 보면 이 주변에 관리가 있는 편이 좋지 않을까?
24 : 많은 사람들의 출입은 어떻게 할까?
25 : 안내데스크 부근에서 사람들이 정체하게 되면 어수선하게 뒤섞여서 곤란하다.
26 : 큰 장소로 가는 데 한 곳에서부터 들어간다고 하면 엉망이 되어버리기 쉽다.
27 : 여기에서도 들어갈 수 있는 편이 좋지 않을까?
28 : 경우에 따라서는 이렇게 돌아서 여기서부터 들어가는 것이 좋지 않을까?
29 : 여기에 모인 사람들이 접수를 끝내면 엉망이 되지 않고 지체 없이 이동한다.
30 : 모양의 볼륨이라고 해도
31 : 이 주변까지는 폭이 넓으니까 이 주변에서는 조금 좁아져도 괜찮지 않을까?
32 : 여기가 홀이라고 하면 이곳은 만남의 장소가 될 수도 있다.
33 : 다이렉트로 이 시설 안쪽을 개방해서 이 안쪽도 볼 수 있다고 하면 좋겠다.
34 : 닫혀서 사용해서는 안 된다고 하는 경우라도 홀에 나가면 거리에 나온 듯한 느낌을 받는다.
35 : 접수를 필요한 장소에 가기 쉬운 것처럼 하면
36 : 여기에는 그렇게 많은 사람이 한꺼번에 들어오는 것이 아니라 분산해서 들어오니까

범례
○ 사고내용 — 사고의 관련
◎ 문제설정 **번호** 사고내용의 번호

그림 3.19(a) 사고의 연쇄 (건축가 A)

학생

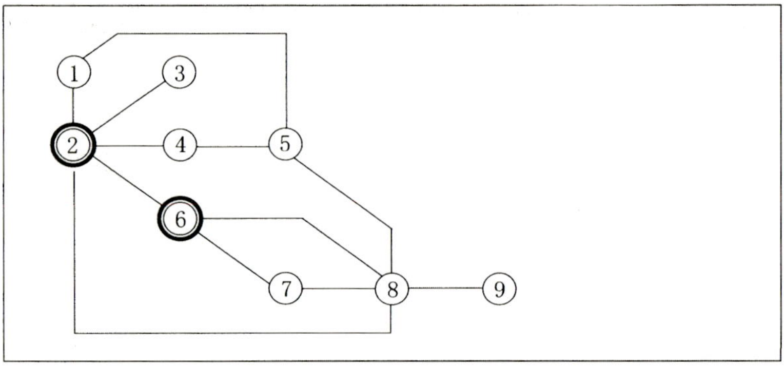

사고내용
1 : 지금은 2층 평면을 생각해서
2 : 어떤 빛을 떨어뜨릴까?
3 : 형태의 좋고 싫음으로 정해서
4 : 같은 크기의 원이 잇달아 있다면
5 : 그건 2층 공간 구획방법을 정할 수 있을 것 같은 배치로 하자.
6 : 필로티 부분은 어두우면 안 되니까 가능하면 비워두면 어떨까?
7 : 지금, 2층 박스가 확 올라가 있다.
8 : 결국 필로티에 떨어지는 빛이 공간을 구획하는 식으로
9 : 시원스레 지나갈 수 있을지에 대해 생각하느라 시간을 보내고 있다.

범례
○ 사고내용 —— 사고의 관련
◎ 문제설정 **번호** 사고내용의 번호

그림 3.19(b) 사고의 연쇄(학생)

문제설정은 공간을 상상하기 위한 실마리이기 때문에 그 수와 질은 설계에 크게 영향을 미친다. 이를 도식으로서는 나타낼 수 없지만, 주어진 과제에 대해 가능 여부를 파악하여 불가능한 경우 대안을 생각해내고 아이디어의 폭을 넓히는 것, 처음 생각해낸 설계안으로 결정하는 것이 아니라 요소를 추가하여 계속해서 변화시켜가며 설계하는 것도 연속적 사고를 뒷받침하는 중요한 예이다.

이 절에서는 건축설계자가 설계를 할 때 이미지화하고 있는 공간 속에서 일어나는 유사체험에 대해 서술했다. 숙련된 유능한 설계자는 여러 가지 행위를 통해 연속되어 있는 풍요로운 '장면'을 만들 수 있으며, 스케일감을 이

용해 실제와 같은 공간체험을 한다. 또한 모호한 공간과 변경 가능한 상황을 생각하면서 설계를 진행한다.

설계자가 복잡하면서도 풍요로운 공간조작을 할 수 있는 것은 설계 초기 단계에서부터 한 공간에 대해 상세하게 사고하는 능력은 물론 공간과 공간간의 관계에 대해 조작하는 방법을 몸에 익히고 있기 때문이다. 또한 설계의 마무리 단계에서 어느 정도 디자인 형태를 정하고 여러 공간을 동시에 조작할 수 있는 것은 경험에 의해 얻어진 스케일감이 크게 영향을 미치고 있다고 생각된다.

지금까지는 설계의 창조성에 대해서 설명하기 어려운 부분이 많았고 기술을 전수하는 방법에 있어서도 정형화된 틀이 있었다. 그러나 이러한 창조성의 구조에 대해 밝혀나감으로써 향후 설계교육방법에 대한 가능성을 기대해 본다.

니시무라 신야(西村伸也)·와다 코이치(和田浩一)

1장 참고문헌 · 주

1) 延藤安弘, 熊本大学延藤研究室：これからの集合住宅づくり, 晶文社 (1995)
2) 松村秀一：団地再生, 彰国社 (2001)
3) 本間博文, 初見 学：住計画論, 放送大学教育振興会 (2002)
4) ニック・ウェイツ, チャールズ・ネヴィット (塩崎賢明訳)：コミュニティ・アーキテクチュア, 都市文化社 (1992)
5) 本間博文, 小林秀樹, 藤本信義：新訂 生活科学Ⅱ 住民主体の居住環境整備, 放送大学教育振興会 (2006)
6) 牧 紀絞, 三浦 研, 小林正美：応急仮設住宅の物理的実態と問題点に関する研究-災害後に供給される住宅に関する研究 その1-, 日本建築学会計画系論文集, 第476号, pp. 125－133 (1995)
7) 牧 紀男：自然災害後の'応急居住空間'の変遷とその整備手法に関する研究, 京都大学大学院工学研究科学位論文 (1997)
8) 日本建築学会農村計画委員会編：災害直後の居住支援を考える－農山魚村集落の災害復興支援 その1-, 日本建築学会大会パネルディスカッション資料 (2005)
9) 神戸弁護士会編：阪神・淡路大震災と応急仮設住宅－調査報告と提言－, 神戸弁護士会 (1997)
10) 新潟日報編：新潟県中越地震, 新潟日報社 (2004)
11) 新潟日報編：7·13水害, 新潟日報社 (2004)
12) 越南タイムズ編：新潟県中越地震特別記録写真集 激震魚沼, 越南プリンティング (2005)
13) 日本建築学会：大震災五年半・住宅復興の検証と展望, 日本建築学会大会研究資料 (2000)
14) 長谷川崇：災害仮設住宅における居住環境改変とその支援－'仮設カフェ'による実践的研究－, 新潟大学大学院修士論文 (2006)
15) 宮越敦史：仮設住宅の外部増築に関する研究－情報交流型調査による住みこなし支援の試み－, 新潟大学卒業論文 (2006)
16) 赤熊宏紀：災害仮設住宅における居住環境の構築と環境移行－長岡市陽光台応急仮設住宅における物理的蓄積と社会的蓄積の考察－, 新潟大学大学院修士論文 (2007)
17) 石岡紘太郎：災害仮設住宅の居住環境改変に関する研究－農村型仮設住宅の可

能性ー，新潟大学卒業論文 (2007)
18) 長谷川崇，岩佐明彦，新海俊一，篠崎正彦，安武敦子，小林健一，宮越敦史：応急仮設住宅における居住環境改変とその支援ー‘仮設カフェ’による実践的研究ー，日本建築学会計画系論文集，第622号，pp.9－162 (2007)
19) 2000년에 니가타건축사사무소협회 건축작품최우수상, 2001년에 국토교통성 테즈쿠리고향상, 2002년에 총무성대신 표창, 2007년에 국토교통성 경관우수상, 지역주택계획추진협의회 지역주택계획장려상을 수상했으며, 특징적인 간기雁木 만들기 활동은 호평을 받고 있다. 또한 공학분야 교육프로그램으로서는 2003년에 채택된 GP(문부과학성) ‘ものづくりを支える工学力教育の拠点形成~創造性豊かな技術者を志す学生の連携による教育プログラム~’의 중심적인 교육프로그램이 되어 2004년에 평생교육 마치즈쿠리모델지원사업(문부과학성)에 채택되었으며, 2006년도에 BEST PAPER AWARD (International Association for Continuing Engineering Education, 10th VIENNA)를 수상, 2007년에 공학교육상을 수상했다.
20) “A designing and building educational program in collaboration among students, inhabitants and local professional”,2006.05., 10th IACEE World Conference for Continuing Engineering Education.
21) 西村信也，仙石正和他編著：工学力のデザイン，丸善 (2007)

2장 참고문헌 · 주

1) ニューオフィス推進協議会：オフィス環境に関する調査-過去6年間のオフィス環境調査のまとめ，ニューオフィス推進協議会 (1993)
2) Hall, E. T. ：かくれた次元，みすず書房 (1970)/ Sommer, R.：人間の空間，鹿島出版会 (1972)/ Barker, R. ： Ecological Psychology, Stanford Univ. Press (1968) / Scheflen, A. E. ：ヒューマン・テリトリー，産業図書 (1989) など
3) Lynch, K. ：都市のイメージ，岩波書店 (1968)/ 鈴木成文，栗原喜一郎，多胡進：建築計画学5 集合住宅-住区，丸善 (1974)/ 小林秀樹，鈴木成文：集合住宅地における共有領域の形成に関する研究 (その１)，日本建築学会論文報告集，第307号，pp.102−111 (1981)/ 小林秀樹，鈴木成文：集合住宅地における共有

領域の形成に関する研究(その２), 日本建築学会論文報告集, 第319号, pp.121-131 (1982)など

4) 宮地伝三朗 ：アユの話, 岩波新書, pp.189-190 (1960) 참조. 영역성, 테리토리얼리티territoriality라는 말은 '테리토리territory를 갖는 성질'이라는 의미 이외에 '사회제도로서의 세력권'이라는 의미가 있지만, 여기에서는 전자의 의미로 사용한다.

5) 渋谷昌三：テリトリー感覚をいかすなわばりの深層心理, 創拓社, pp.170-173 (1983)에는 다음과 같이 기술되어 있다. '일본 오피스에서는 실의 중앙 부근에 부나 과별로 책상이 배치되어 있다. 〈중략〉 과장 및 부장이 사원을 넘어다보기 위한 배치이다. 부나 과 등의 조직으로서의 일이 중시되고 있기 때문에 이러한 책상 배치로 되어 있는 것이다. 〈중략〉 2차적인 영역을 효율적으로 기능하게 하기 위해서는 이러한 책상 배치가 적절하다고 말할 수 있다.' 이 경우, 가족이 만드는 영역을 1차적인 영역, 사회적 집단에 의한 영역을 2차적인 영역이라 한다.

6) Alexander, C. : A Pattern Language, Oxford Univ. Press (1977), 平田翰那 訳：パタン・ランゲージ-環境設計の手引, 鹿島出版会, p.80 (1984)を参照

7) Alexander, C. : A Pattern Language, Oxford Univ. Press (1977), 平田翰那 訳：パタン・ランゲージ-環境設計の手引, 鹿島出版会, p.213-214 (1984)を参照

8) Sundstrom, E. and Sundstrom, M.: Work Places-the psychology of the physical environment in offices and factories, Cambridge Univ. Press (1986), 黒川正流監訳：仕事の場の心理学-オフィスと工場の環境デザインと行動科学, 西村書店, pp.371-373 (1992)を参照

9) 山田哲弥：執務スペースのイメージに現われる領域に関する研究, 清水建設研究報告, 第55号, pp.125-138 (1992)を参照

10) 山田哲弥：執務空間における領域に関する研究-空間共用の建築計画的考察-, 東京大学学位論文, pp.98-108 (1996)を参照

11) 山田哲弥, 井上 誠, 嶋村仁志：フリーアドレス・レイアウトにおける領域操作の効果, 日本建築学会計画系論文集, 第 486号, pp.69-78 (1996)を参照

12) 平成4~6年度科学研究費補助金 (試験研究B１)研究報告書 'FMによる研究室設備の実践的研究' (1995). 嶋村仁志, 井上 誠, 山田哲弥, 山本 茂：研究執務スペースの有効利用と質の向上に関する研究(その１)-ユーザーの満足度評価からみたフリーアドレス方式の効果-, 日本建築学会大会学術講演梗概集, E, 建

築計画・農村計画, pp.845-846 (1994)を参照

13) Sundstrom, E. and Sundstrom, M.: Work Places－the psychology of the physical environment in offices and factories, Cambridge Univ. Press (1986), 黒川正流監訳：仕事の場の心理学-オフィスと工場の環境デザインと行動科学, 西村書店, p.283 (1992)에서는 전자를 사전사후연구 before and after-studies, 후자를 회고연구 retrospective studies라고 부르고 있다.

14) 여기에서는 레이아웃 개수에 의한 '프라이버시 확보'와 '커뮤니케이션 활성화'에 있어서 이용자만족도 향상을 '영역'이라는 측면에서 설명했지만, 이들 만족도 향상에는 여러 가지 요인이 영향을 미치고 있기 때문에 단순히 '영역'의 강화 및 확대의 효과만으로 설명할 수 있는 것이 아니다. 일반적으로 이러한 '현장연구 Field Studies'에서는 실험실에서의 실험과 달리 측정되지 않은 요인에 의해 결론 내려진 상호관계가 영향을 받을 수 있다는 점이 불가피하다.

15) 太田利彦：建築の設計方法に関する研究, 東京大学学位論文 (1970)のDERTネットワークにおけるA13建物の使用方法や, 嶋村仁志：企画設計におけるプロセス区分の構造と機能に関する研究, 京都大学学位論文 (1991)における発注意図の確認 (R)など

16) 松本和良：組織変動の理論, 学文社 (1974)

17) 日本建築学会編：設計方法Ⅳ 設計方法論, 彰国社 (1981)

18) 湯本長伯：設計の方法及びシステムに関する研究-建築の設計作業を計画・管理するための概念モデル-, 早稲田大学学位論文 (1981)

19) Schön, D. A., et al.: Special Issue on Design Research, Butterworth Scientific Limited, 5(3) (1984)

20) 加護野忠男, 野中郁次郎, 小松陽一, 奥村昭博, 坂下昭宣：組織現象の理論と測定, 千倉書房, pp.225-253 (1978)

21) Simon, H. A.: 意思決定の科学, 産業能率大学出版部 (1979)

22) 秋山哲一他：建築主機能の類型化, '建築生産と管理技術' シンポジウム, 第4回 (1988)

23) Rogers, D. L. and Rogers, E. M. : 組織コミュニケーション学入門・心理学的アプローチからシステム論的アプローチへ, ブレーン出版 (1985)

24) 公文俊平：社会システム論-社会科学総合化の試み, 日本経済新聞社 (1978)

25) 飯尾 要：システム思考入門, 日本評論社 (1986)

26) 本節は文献26)に大幅に加筆し, 再構成したものである.

27) 「'케어'라는 단어는, ① 좁은 의미로 '간호' 및 '개호', ② 중간적 의미로 '보살핌'이라는 뜻을 가지며, ③ 넓은 의미로는 '배려' '관심', '마음 씀'이라는 매우 광범위한 의미를 갖는 개념이다」라고 지적하고 있는 것처럼 케어라는 단어는 다양한 의미를 갖는다.

28) 코마츠 小松 등은 '교류의 장'에 있어서 '주인 主'의 존재와 역할에 대하여 고찰하고 있다. 또한 니시다 西田는 '그 단위 単位를 대표하고 책임을 갖는 사람'을 '주인'이라고 칭하고 있다.

29) 이하에서는 '부모와 아이의 휴게실, 토포스'의 S씨의 발언을 [S], '후레아이 리빙, 시모신쇼사쿠라엔'의 운영위원장 W씨의 발언을 [W], '히가시마치 마치카도히로바'의 대표 A씨의 발언을 [A]라고 표기한다.

30) 문헌 27~31)을 참조. 한편 '길모퉁이 쉼터 街角の居場所'는 2005년도 건축학회대회에서 개최된 연구간담회에서 사용된 호칭이다.

31) 白根良子：親と子の談話室・とぽす，おや，オヤ？親子・21世紀(日本女子社会教育会編)，日本女子社会教育会，pp.82−86 (2001)

32) 植茶恭子，広沢真佐子：大阪府コレクティブハウジングの取組み，高齢者福祉財団『財団ニュース』，45，pp.105−112 (2001)

33) 2007년 현재, '후레아이 리빙'은 12개소의 관영주택에서 운영되고 있다. 그 중에서 '사쿠라엔'을 포함한 3개소는 집회소와는 별개로 신축된 '모델타입'이며, 그 이외의 9개소는 집회소를 증축 및 리폼한 '개수타입'이다.

34) 西本 茂，宮本京子：千里ニュータウンにおける取り組みと展望，地域開発，444，pp.33−37 (2001)

35) 宮本京子：'ひがしまち街角広場' によるニュータウン再生，建築と社会，85 (985)，p.25 (2004)

36) 필자들은 문헌 34)에서, 친밀한 관계는 아니지만, 그렇다고 해서 어떠한 관계도 갖고 있지 않은 완전히 타인도 아닌 관계를 중간적 관계라고 부른다.

37) 鈴木 毅：体験される環境の質の豊かさを扱う方法論，建築計画読本 (舟橋国男編)，大阪大学出版会 (2004)

38) 山崎正和：社交する人間，中央公論新社 (2003)

39) リチャード・セネット (北山克彦，高階 悟訳)：公共性の喪失，晶文社 (1991)

40) 鷲田清一：教養としての '死' を考える．洋泉社 (2004)

41) 鈴木 毅：都市居住における個人の生活行動空間，JKKハウジング大学校講義録Ⅱ (住環境研究所 JKK ハウジング大学校編)，小学館スクウェア (2000)

42) 스즈키鈴木는 문헌37)에서 '체제방식居方이라는 관점에서 새로운 빌딩 타입의 분류가 가능하지 않을까라고 생각한다'라고 언급하고 있다. 여기에서 서술하고 있는 상업시설의 재분류는 '새로운 빌딩 타입의 분류' 중 한 가지 시도라고 말할 수 있다.

43) 山本哲士：ホスピタリティ原論, 新曜社 (2006)

44) 야마모토山本는 「'호스피탈리티'에 딱 맞는 일본어는 없다. 대접, 환대, 환영, 장식, 맞춤 등 일부분을 가리키는 말은 여러 가지 있지만 표준어 세계에서는 사라진 것 같다」고 말하고 있다. 단, 「치쿠고筑後지방의 방언인 '호토메키ほとめき'가 호스피탈리티에 딱 맞는 말이다」라고 언급하면서 이것은 「자본 · 호스피탈리티의 경제에 있어서 '장소'가 큰 의미를 갖는 증거이다」라고 지적하고 있다.[43)]

45) ルネ・シェレール (安川慶治訳)：歓待のユートピア, 現代企画室 (1996)

46) 田中康裕, 鈴木 毅, 松原茂樹, 奥 俊信, 木多道宏：'下新庄さくら園' における目的の形成に関する考察-コミュニティ・カフェにおける社会的接触-, 日本建築学会計画系論文集, 台613号, pp.135-142 (2007)

47) 이것은 어디까지나 '사쿠라엔'의 경우이다. 자치회장이 운영위원장을 겸임하고 있는 '후레아이 리빙'이나 자치회활동의 일환으로서 운영되고 있는 '후레아이 리빙'도 있다.

48) 다음과 같이 호스피탈리티에 있어서 주객의 관계는 고정된 것이 아니라고 말하고 있다. '결국 '환대'란 손님을 맞아들이는 사람을 감당하지 못하고 그 동일성으로부터 벗어나게 하는 것이다. ……'환대'란 그러한 자기를 무너뜨릴 때 비로소 찾아오는 것이다[60)].' '손님(hôte), 즉 초대받은 사람(guest)은 초대객의 초대객이 되는 주인(hôte)의 주인(hôte)이 되는 것이다. Hôte는 hôte의 hôte가 된다. 즉, 손님(guest)이 주인(host)의 주인(host)이 되는 것이다[60)].'

49) 문헌37). 또한 스즈키鈴木는 문헌62)에서 '마침 거기에 있다'라는 체제방식은 '예전부터 알고 지낸 사이가 아니라 남남 관계인' 사람과의 사이에서 생겨나는 상황이라고 말한다. 그러나 '유아와 부모 관계처럼 일체화된 두 사람의 경우는 제외하고, 독립한 개개인이 (가끔) 같은 장소와 시간을 공유하고 있다는 의미에서는 친구나 가족이라도 마침 거기에 있다'는 상황이 성립할 수 있다고 말한다(스즈키씨로부터 개인적으로 들은 내용임).

50) クロード・レヴィ=ストロース (大橋保夫訳)：野生の思考, みすず書房 (1976)

51) 田中康裕, 鈴木 毅, 松原茂樹, 奥 俊信, 木多道宏：コミュニティ・カフェにおける '開かれ' に関する考察ー主 (あるじ)の発言の分析を通して-, 日本建築

学会計画系論文集，第614号，pp. 113−120 (2007)
52) 久田　明：各地に広がるコミュニティ・カフェ，月刊公民館，556，pp.28−29 (2003)
53) 久田　明：コミュニティ・カフェの可能性，月刊社会教育，584，pp.37−43 (2004)
54) 延藤安弘：ヒト・コト・モノの共生の場としての<まちの縁側>，季刊まちづくり，6，pp.20−23 (2005)
55) 小松，辻真菜美，洪　有美：地域住民の居場所となる交流の場の空間・運営・支援体制の状況―地域住民が主体的に設立・運営する交流の場に関する研究その1−，日本建築学会計画系論文集，第611号，pp.67−74 (2007)
56) Oldenburg, R.；The Great Good Place, Paragon House (1991)
57) 辻真菜美，洪　有美，小松　尚：事例にみる交流の場の立地・設え・もてなしの状況―地域住民が主体的に設立・運営する交流の場に関する研究　その2―，日本建築学会大会学術講演梗概集 (近畿)，E−1分冊，pp.5−8 (2005)
58) 西田　徹，高橋鷹志，鈴木　毅：根津の地域研究―その１　イメージによる地域構造分析―，日本建築学会大会学術講演梗概集 (北陸)，pp.67−68 (1992)
59) 田中康裕，鈴木　毅，奥　俊信，松原茂樹，木多道宏：場所の主 (あるじ) の観点からみた異世代の顔見知りの人との接触についての考察―子ども・若者にとっての地域環境―，日本建築学会大会学術講演梗概集 (九州)，E−1分冊，pp.1131− 1132 (2007)
60) 鷲田清一：‘待つ’ということ，角川書店 (2006)
61) ジャック・デリダ：歓待の歩み＝歓待はない (ジャック・デリダ，アリヌ・デユフールマンテル(広瀬浩司訳))，歓待について―パリのゼミナールの記録，産業図書 (1999)
62) 鈴木　毅：‘居合わせる’ということ，建築技術，1994年6月号，pp.210−213.
63) 広井良典：ケアを問いなおす，ちくま書房 (1997)

3장 참고문헌 · 주

1) Schön, D. A. : The Design Studio−an exploration of its tradition and potential, RIBA Publications (1985)
2) Schön, D. A. : The Reflective Practitioner, Basic Books (1983)
3) Leve, J. and Wenger, E. : Situated Learning−legitimate peripheral participation, Cambridge Univ. Press (1991) (佐伯 胖訳：状況に埋め込まれた学習-正統的周辺参加, 産業図書, 1993)
4) 横山ゆりか：実践に学ぶ設計教育-ケース・メソッドと住民参加型授業, 人間-環境系のデザイン (日本建築学会編), 彰国社, pp.232−257 (1997)
5) Lawson, B. R. : How Designers Think−the design process demystified, 2nd ed., Butterworth−Heinemann (1990)
6) Rittel, H. W. J. (Interviewed by Grant, D. P. and Protzen, J. P.) : Second−generation design methods, 原典The DMG 5th Anniversary Report : DMG Occasional Paper No.1, pp.5−10 (1972). 再録版Cross, N. : Developments in Design Methodology, John Wiley & Sons, pp.317−328 (1984)所収
7) 嶋村仁志：プロセス, 設計方法Ⅳ 設計方法論 (日本建築学会編), 彰国社, pp.15−22 (1981)
8) Alexander, C. : Notes on the Synthesis of Form, Harvard Univ. Press (1964) (稲葉武司訳：かたちの合成に関するノート, 鹿島出版会, 1978)
9) RIBA : Architectural Practice and Management Handbook, RIBA Publications (1965)
10) 日本建築学会編：設計方法Ⅱ 設計プロセス/ケーススタディ, 彰国社 (1971)
11) Lawson, B. R. : Cognitive stragegies in architectural design, Ergonomics, 22(1), pp.59−58 (1979)
12) Darke, J. : The primary generator and the design process, 原典 Design Studies, 1(1), pp.36−44 (1979). 再録版 Cross, N. : Developments in Design Methodology, John Wiley & Sons, pp.175−188 所収
13) Rowe, P. G. : Design Thinking, MIT Press (1987)
14) 横山ゆりか：問題解決行動としてみたときの建築設計プロセスの特徴-ドローイングを伴う空間デザインプロセスの研究, 日本建築学会計画系論文集, 第524

号, pp.133–137 (1999)

15) Herbert, D. M. : Architectural Study Drawing–their characteristics and their properties as a graphic medium for thinking in design, Van Nostrand Reinhold (1993)

16) Ericsson, K. A. and Simon, H. A. : Protocol Analysis–verbal reports as data, MIT Press (1984)

17) Eastman, C. M. : On the analysis of intuitive design processes, in Moore, G. T. (ed), Emerging Methods in Environmental Design and Planning, MIT Press, pp.21–37 (1970)

18) Akin, Ö. : An exploration of the design process, in Cross, N. (ed), Developments in Design Methodology, John Wiley & Sons, pp.189–207 (1984)

19) Eckersley, M. : The form of design processes–a protocol analysis study, Design Studies, 9(2), pp.86–94 (1988)

20) Caroll, J. M., Thomas, J. C. and Malhotra, A. : Presentation and representation in design problem solving, British Journal of Psychology, 71, pp.143–153 (1978)

21) Akin, Ö. : How do architects design, in Latombe, J. C. (ed), Artificail Intelligence and Pattern Recognition in Computer Aided Design, IFIP, North–Holland, pp.65–98 (1978)

22) 諏訪正樹：ビジュアルな表現と認知プロセス, 可視化情報, 19(72), pp.13–18 (1999)

23) ル・コルビュジェ (中村貴志, 松政貞治訳)：ル・コルビュジェの手帖 東方への旅 Voyage d'Orient Carnets, 同朋舎 (1989)

24) Lindsay, P. H. and Norman, D. H. : 情報処理心理学入門Ⅲ, サイエンス社, pp.89–90 (1984)

25) Eckersley, M. : The form of design process, a protocol analysis study, Design Studies, 9(2), pp.86–94 (1988)

26) Akin, Ö. : An exploration of the design process, in Cross, N. (ed), Developments in Design Methodology, John Wiley & Sons, pp.189–207 (1984)

27) Schön, D. A. : Designing–rules, types and worlds, Design Studies, 9(3),

pp.181−190 (1988)
28) 佐伯 胖：イメージ化による知識と学習，東洋館 (1978)
29) Dowing, F.：Conversations in imagery, Design Studies, 13(3), pp.291−319 (1992)
30) Yan, M. and Cheng, G.：Image−based design model, Design Studies, 13(1), pp.87−97 (1992)
31) 清水義次：相関類推法を用いた建築知識ベースの生成と類推，日本建築学会計画系論文報告集，第389 号，pp.62−71 (1988)
32) Krippendorff, K.：Content Analysis-an introduction to its methodology, Sage Publication (1980)
33) Alexander, C.：パタン・ランゲージ，鹿島出版会 (1984)
34) 日本建築学会設計方法小委員会：人間-環境系のデザイン，彰国社 (1977)
35) Bazyanac, V.：Architectural design theory-models of the design process, in Spillers, W. R. (ed), Basic Questions of Design Tehory, North−Holland, pp.8−16 (1974)
36) Zeisel, J.：Inquiry by Design-tools for environment−behavior research, Broooks/Cole (1981)
37) Lang, J.：Creating Architectural Theory-the role of the behavioral sciences in environmental design, Van Nostrand Reinhold (1987)
38) Miller, G. A.：The magical number seven, plus or minus two-some limits on our capacity for processing information, Psychology, 63, pp.81−97 (1956)
39) Simon, H. A.：Models of Thought, Yale Univ. Press (1979)
40) Hybs, I. and Gero, J. S.：An evolutionary process model of design, Design Studies, 13(3), pp.273−289 (1992)
41) 尾島俊雄，鹿島昭一，香山寿夫，矢野克巳，船越 徹：21世紀に向けての建築教育，建築雑誌，107(1335)，pp.12−19 (1992)
42) 香山寿夫：教えることと育てること，建築雑誌，109(1362)，pp.18−19 (1994)
43) 渡辺豊和：言語のイメージ喚起力，建築雑誌，109(1362)，pp.32−33 (1994)
44) 内井昭蔵：設計組織での教育から大学での教育へ，建築雑誌，109(1362)，pp.45−46 (1994)
45) 高橋鷹志，横山ゆりか，大野隆造：建築計画研究から人間-環境研究へ，建築雑

誌，110(1373)，pp.19−21 (1995)
46) 西村伸也，高橋鷹志，服部久雄，石田滋之，藤井昌幸：空間認識からみた設計の思考プロセスの考察，日本建築学会計画系論文集，第455号，pp.87−96 (1994)
47) 和田浩一，西村伸也，高橋鷹志，伊藤隆行：設計教育における準実験的試み−'場面' 設定が設計に与える影響−，日本建築学会計画系論文集，第516号，pp.145 −151 (1999)
48) 和田浩一，西村伸也，高橋鷹志，高橋百寿，伊藤隆行，益子光憲：学生の設計プロセスにおける不確定空間と確定空間−設計教育における準実験的試み3−，日本建築学会大会学術講演梗概集，pp.525−526 (1999)
49) 和田浩一，西村伸也，高橋和也，周 博，高橋鷹志：3D−CADを用いた設計手法に関する研究−設計教育における準実験的試み その2−，日本建築学会計画系論文集，第549号，pp.169−176 (2001)
50) 和田浩一，佐藤晴香，山中 理，府川直人，西村伸也，高橋鷹志：実務者の建築設計プロセスに関する研究−その1 建築のエスキスにおける思考の連鎖−，日本建築学会大会学術講演梗概集，pp.553−554 (2006)
51) 佐藤晴香，和田浩一，山中 理，府川直人，西村伸也，高橋鷹志：実務者の建築設計プロセスに関する研究−その2 建築のエスキスにおける空間認識−，日本建築学会大会学術講演梗概集，pp.555−556 (2006)

찾아보기

편집자

高橋鷹志(Takahashi Takashi)　東京大学名誉教授
長澤　泰(Nagasawa Yasushi)　工学院大学建築学科・教授, 東京大学名誉教授
西出和彦(Nishide Kazuhiko)　東京大学大学院工学系研究科建築学専攻・教授(1巻担当)
鈴木　毅(Suzuki Takeshi)　大阪大学院工学研究科地球総合工学専攻・准教授(2巻担当)
西村伸也(Nishimura Shinya)　新潟大学工学部建設学科建築学コース・教授(3巻担当)

집필자

横山俊祐(Yokoyama Shunsuke)　大阪市立大学大学院工学研究科都市系専攻・教授
岩佐明彦(Iwasa Akihiko)　新潟大学工学部建設学科建築学コース・准教授
西村伸也(Nishimura Shinya)　新潟大学工学部建設学科建築学コース・教授
山田哲也(Yamada Tetsuya)　清水建設(株)技術研究所・主任研究員
鞆田　茂(Tomoda Shigeru)　鹿島建設(株)営業本部・営業総括部長
田中康裕(Tanaka Yasuhiro)　大阪大学大学院工学研究科地球総合工学専攻・特任研究員
横山ゆりか(Yokoyama Yurika)　東京大学大学院総合文化研究科広域システム科学系・助教
和田浩一(Wada Koichi)　職業能力開発総合大学校東京校建築系・教授

환경과 건축도시디자인

감수/ 박영기
1985년 연세대학교 대학원 건축공학과 졸업(공학박사)
2002. 2~ 한국 해비타트 서울지회 이사
2006. 4~ 한국환경건축연구원 부원장
현재/ 연세대학교 건축공학과 교수

한수진
2000년 홍익대학교 대학원 건축학과 졸업(공학석사)
2007년 일본 문부과학성 국비장학생
현재/ 일본 동경대학교 대학원 건축학과 박사과정

이정남
2006년 연세대학교 대학원 건축공학과 졸업(공학석사)
2007년 일본 문부과학성 국비장학생
현재/ 일본 동경대학교 대학원 건축학과 박사과정

2009년 3월 25일 1판 1쇄 인쇄
2009년 3월 30일 1판 1쇄 발행

편 저 타카하시 타카시
나가사와 야스시
니시무라 신야

역 자 한수진 이정남

발 행 인 강 해 작

발 행 처 기 문 당

주 소 서울시 성동구 공명길 39
(하왕십리동 966-22)

전 화 02) 2295-6171(代)~5

팩 스 02) 2296-8188

출판등록 1976. 10. 7 (1-44)

홈페이지 http : // 기문당
http : // www.kimoondang.com

I S B N 978-89-6225-116-6 93540

정 가 12,000원